UNIVERSITÄT HAMBURG

Abhandlungen
aus dem
Gebiet der Auslandskunde

Band 57. Reihe C. Naturwissenschaften. Band 16

Regionale Typen
im Jahresgang der Niederschläge
in Vorderindien
und ihre Beziehung zu Landschaftsgrundlagen

von

Hildegard Ludwig

HAMBURG
CRAM, DE GRUYTER & CO.
1953

Regionale Typen im Jahresgang der Niederschläge in Vorderindien und ihre Beziehung zu Landschaftsgrundlagen

von

Hildegard Ludwig

Mit Diagrammen und Karten

HAMBURG
CRAM, DE GRUYTER & CO.
1953

Die „Abhandlungen aus dem Gebiet der Auslandskunde“ (Fortsetzung der Abhandlungen des Hamburgischen Kolonialinstituts) erscheinen in folgenden Reihen:

A. Rechts- und Staatswissenschaften (auch politische Geschichte umfassend),
B. Völkerkunde, Kulturgeschichte und Sprachen,
C. Naturwissenschaften,
D. Medizin und Veterinärmedizin.

Sämtliche Zeitschriften und Sendungen, die den Druck und die Herausgabe der Abhandlungen betreffen, insbesondere sämtliche druckreifen Manuskripte bittet man zu richten

An die Schriftleitung der Abhandlungen aus dem Gebiet der Auslandskunde

Hamburg 13

Universität

Druck von J. J. Augustin, Glückstadt

Vorwort

Das Klima Vorderindiens, als die Grundlage der Wirtschaft eines Bauernvolkes von 400 Millionen Menschen, ist oft Gegenstand eingehender Erforschung und Darstellung gewesen. Dennoch schien die Auswertung des reichen Beobachtungsmaterials in der Richtung auf Abgrenzung kleinerer Einheiten im Jahresgang der Niederschläge, wie sie in vorliegender Arbeit versucht wurde, lohnend, da sie bisher nicht veröffentlicht worden ist. Die Anregung zu ihr erhielt ich von Herrn Professor Dr. L. Mecking, der ihre Entstehung mit stets reger Anteilnahme verfolgt und ihre Aufnahme in die Reihe dieser „Abhandlungen" bewirkt hat, für die ich der Universität tief verpflichtet bin. Nächst ihm gebührt mein herzlicher Dank den Herren von der Deutschen Seewarte (jetzt: Deutsches Hydrographisches Institut), die mir durch manche Hinweise behilflich waren und mir aus der Bibliothek trotz erschwerender Umstände die grundlegenden Quellenwerke wiederholt zur Verfügung stellten. Der Redaktor der „Abhandlungen", Herr Professor Dr. W. Schubring, betreute den Druck, wofür ihm ebenfalls sehr gedankt sei. In der Schreibung der indischen Namen bin ich den wissenschaftlichen Veröffentlichungen gefolgt, die im allgemeinen die englische Form bevorzugen.

Hamburg, im Oktober 1952. Hildegard Ludwig

Inhaltsübersicht

Im Text:

Beilagen:

A. Methodisches.

1. Problem und Ziel der Untersuchung.

Das Klima Vorderindiens, einer peripherischen Region des asiatischen Kontinents, wird von den großen, halbjährig wechselnden Luftbewegungen beherrscht. In diesem vorwiegend tropischen Monsunland sind die Niederschläge das am meisten hervorstechende und bestimmende Klimamerkmal, „um deren rechtzeitigen Beginn und ausreichende Höhe ganz Indien fiebert".[1]

Wenn auch danach Vorderindien als „das klassische Land der Monsune"[2] bezeichnet wird, so läßt doch eine regional detaillierte Untersuchung der Niederschlagsverhältnisse große Unterschiede in der jahreszeitlichen Verteilung erkennen. Diese Varianten sind bedingt durch die physischen Gegebenheiten der Halbinsel. Es wechselt die Ausdehnung Vorderindiens in meridionaler und breitenzonaler Richtung, wodurch die Lage der einzelnen Gebiete zum Meer und der Küstenverlauf bestimmt sind. Außerdem variieren in besonders starkem Maße die orographischen Verhältnisse, die sich in der Ausprägung von Luv- und Leeseiten und den verschiedenen Höhenlagen der Stationen auswirken. Durch ihren außerordentlich gegensätzlichen Charakter werden die Regenfälle hier so erheblich differenziert, daß die Hauptregel des kontinentalen Sommerregentyps mannigfach durchbrochen und abgewandelt wird. Blanford, der sich schon 1886[3] eingehend mit den indischen Regenverhältnissen beschäftigt hat, stellte fest, daß „es keine Jahreszeit gibt, die nicht charakterisiert wird durch Regen in dem einen oder anderen indischen Gebiet."[4] Auch Hann[5] betont eine so weitgehende Mannigfaltigkeit der Niederschlagsverteilung; „mit Ausnahme der Monate Januar bis März hat jeder der übrigen Monate in irgendeinem Teile Indiens das Maximum des Regenfalls oder kommt demselben doch sehr nahe."

Diese großen Unterschiede im Jahresgang der Niederschläge sind in der vorliegenden Arbeit im einzelnen untersucht worden, und zwar für die ganze Halbinsel mit Einschluß von Ceylon.

Ich beginne mit der Prüfung der Veränderlichkeit der zugrunde gelegten Mittelwerte sowie der Erklärung meiner Verarbeitungsmethode und gebe dann einen allgemeinen Überblick über die Winde, die eigentlichen Träger feuchter Luftmassen, an Hand der für ihre Eigenart maßgebenden Faktoren. Da ihre Entwicklung und Differenzierung in hervorragendem Maße die Verteilung der Niederschläge be-

[1]) K. Helbig, Vorderindien; in: Handbuch der Geographischen Wissenschaft, herausgegeben von F. Klute, Potsdam o. J., Band: Vorder- und Südasien, S. 249.

[2]) W. R. Eckardt, Über Luftdruckverteilung und Regenfall in Asien mit besonderer Berücksichtigung der Randgebiete; Ann. d. Hydr., 44. Jahrgang, Heft 11, Berlin 1916, S. 543.

[3]) H. F. Blanford, The Rainfall of India; Memoirs of the Indian Meteorological Department, Vol. III, Teil 1 u. 2, Calcutta 1886—1888.

[4]) H. F. Blanford, a. a. O., S. 16.

[5]) Julius Hann, Handbuch der Klimatologie, Bd. II, Teil 1, 3. Auflage, Stuttgart 1910, S. 216.

stimmen, werden sich daraus in Verbindung mit Relief und Küstenverlauf der einzelnen Landesteile die Hauptgesichtspunkte zur Erklärung der Varianten des Jahrganges der Niederschläge gewinnen lassen.

Auf diese allgemeine Grundlegung folgt dann im Hauptteil unter Benutzung langjähriger Mittelwerte von vierhundertachtzehn Stationen die detaillierte Untersuchung. Die Zusammenfassung aller Stationen mit gleichem Jahresgang ergibt eine Einteilung Vorderindiens in Teilregionen, Regionen und Großregionen. Nach dieser Aufstellung von Typen und ihrer räumlichen Umgrenzung rückt dann die Frage nach der Beziehung zum Landschaftscharakter in den Vordergrund. Die kleinsten Gruppen von Stationen, die den „Teilregionen" entsprechen, werden viele Detailzüge und damit die große Mannigfaltigkeit der Regenverteilung in vollem Umfange zeigen. Neben dieser Aufteilung in viele kleinere Gebiete soll durch die Zusammenfassung zu Großregionaltypen die höchste Stufe der Erkenntnis von Gesetzmäßigkeiten erreicht und damit auf eine Zusammenschau der Einzelzüge und die ursächliche Verknüpfung mit größeren Landschaftsgrundlagen hingearbeitet werden.

2. Die Mittelwerte des Niederschlages.

a) Quellen und Beobachtungsperiode.

Die Errichtung eines sehr dichten Stationennetzes von über dreitausend Regenstationen und ihre Zusammenfassung und Verstaatlichung „in dem India Meteorological Department, das 1876 zunächst etwas exzentrisch zu Simla im Himalaja eingerichtet wurde und seit 1928 in Poona östlich von Bombay arbeitet,"[1]) bilden die Grundlage der ausgezeichneten Beobachtung, die seit vielen Jahrzehnten in Vorderindien durchgeführt wird. Sie ermöglicht die Benutzung langjähriger Mittelwerte von mindestens dreißig Jahren, die von vierhundertachtzehn Stationen für diese Untersuchung ausgewertet wurden. Bei der Auswahl wurde ihre möglichst gleichmäßige Verteilung über die Halbinsel erstrebt. Außerdem erhielten die langjährigen Reihen den Vorrang.

Von den vierhundertachtzehn Angaben entstammen hundertdreiundsechzig dem „Monthly Weather Review" von Calcutta 1936[2]), zehn dem von 1920, weitere zweihundertzweiunddreißig Werte konnten dem „Daily Rainfall of India" von Calcutta 1916 entnommen werden. Den ersten Mittelwerten liegen die Aufzeichnungen von fünfundfünfzig Jahren, den letzten „in der größten Mehrzahl der Fälle dreißig bis vierzig Jahre" zugrunde.[3]) Für die dreizehn Stationen von Ceylon habe ich die Berechnungen von O. Timmermann[4]) ausgewertet, die sich über den Zeitraum 1911—1930 erstrecken.

---

[1]) Norbert Krebs, Vorderindien u. Ceylon; Stuttgart 1939, S. 11.

[2]) 1936 ist der letzte Band, der mir von diesen Aufzeichnungen in der Bibliothek de Deutschen Seewarte zur Verfügung stand.

[3]) Daily Rainfall of India; herausgegeben von dem „Met. Department of the Government of India", Calcutta 1916; Einleitung. Weitere Bände waren mir infolge der Kriegsverhältnisse nicht zugänglich.

[4]) O. F. Timmermann, Ceylon, seine natürlichen Landschaftsbildner und Landschaftstypen; Mittl. Geogr. Ges. München, Bd. 28, Heft 2, 1935, S. 312.

b) Veränderlichkeit der Mittelwerte.

Der Überblick über das zugrunde gelegte Material zeigt, daß innerhalb der durchweg langjährigen Mittelwerte doch Differenzen von zwanzig Jahren auftreten, so daß sich bei ihrer Auswertung insbesondere zur Feststellung der Realität der Angaben und Schlüsse sogleich die Frage nach der Veränderlichkeit dieser Werte erhebt.

Untersuchungen über die Variabilität der Regenfälle in Vorderindien sind schon von Blanford[1]) durchgeführt worden und haben später eine Erweiterung durch die Arbeit von Williamson und Clark[2]) erfahren. Sie zeigen, daß für die Veränderlichkeit der Jahresmenge zwei Gesetze gültig sind. Erstens sind Stationen mit der größten Niederschlagsmenge durch die geringste Variabilität ausgezeichnet[3]). Solche Gegensätze im Jahresbetrag sind Vorderindien in besonders großem Ausmaß eigen: zählen doch die Niederschlagshöhen im Nordosten, in Assam, zu den größten der Welt, und zeigt im Nordwesten die Thar Wüstencharakter.

Diese Unterschiede werden noch vergrößert nach einem zweiten Gesetz, das besagt[4]), daß Gebiete mit kurzer Niederschlagsperiode stärkeren Veränderungen unterliegen als diejenigen mit längerer Regenzeit.

Die Veränderlichkeit hängt weiter von der Länge der Beobachtungsperiode und der Auswertung von Einzelstationen oder Stationengruppen ab.

Für meine Untersuchung ergibt sich aus diesen allgemeinen Angaben über die Variabilität der jährlichen Regenmenge zunächst die Beachtung zweier Momente: Die Zusammenfassung zu Stationengruppen, auf deren Bildung ich in einem nächsten Kapitel noch genauer eingehen werde, und zweitens die Notwendigkeit der Benutzung langjähriger Reihen, um einen möglichst geringen Wert zu erreichen.

Die prozentualen Angaben von Williamson und Clark zeigen wohl die durchschnittliche Größe der Veränderlichkeit der jährlichen Regenmenge, doch es fehlt ein Überblick über die Unterschiede von Monat zu Monat und vor allem, wie sich diese im Kurvenbild zeigen, so daß wir dadurch einen Eindruck bekommen, in welcher Weise durch diese Schwankungen der Jahresgang der Niederschläge betroffen wird.

Zur Beantwortung dieser Fragen möchte ich vorweg durch die Untersuchung von neun Stationen[5]) aus mehreren Teilen Indiens, die danach verschiedenen Niederschlagstypen angehören und somit auch nach Williamson und Clark verschieden große Variabilität erkennen lassen, einen kleinen Beitrag liefern.

Für die Untersuchung wählte ich den sechzigjährigen Zeitraum 1870—1930 und berechnete die zehn-, zwanzig- und dreißigjährigen Mittel aneinanderschließender Perioden.

---

[1]) H. F. Blanford, a. a. O., Teil 2: The Anomalous Variations of the Rainfall; Calcutta 1886—1888.

[2]) A. V. Williamson and K. G. T. Clark, The Variability of the Annual Rainfall in India; Q. J. R. Met. Soc., Vol. 57, London 1931, S. 43—56.

[3]) H. F. Blanford, a. a. O., S. 255.

[4]) A. V. Williamson and K. G. T. Clark, a. a. O., S. 45.

[5]) Das Zahlenmaterial wurde den „World Weather Records“, herausgegeben von H. Clayton, Smithsonian Miscellaneous Collection, Vol. 79, Washington 1927 und Vol. 90, Washington 1934, entnommen.

Station Cochin

Tafel 1

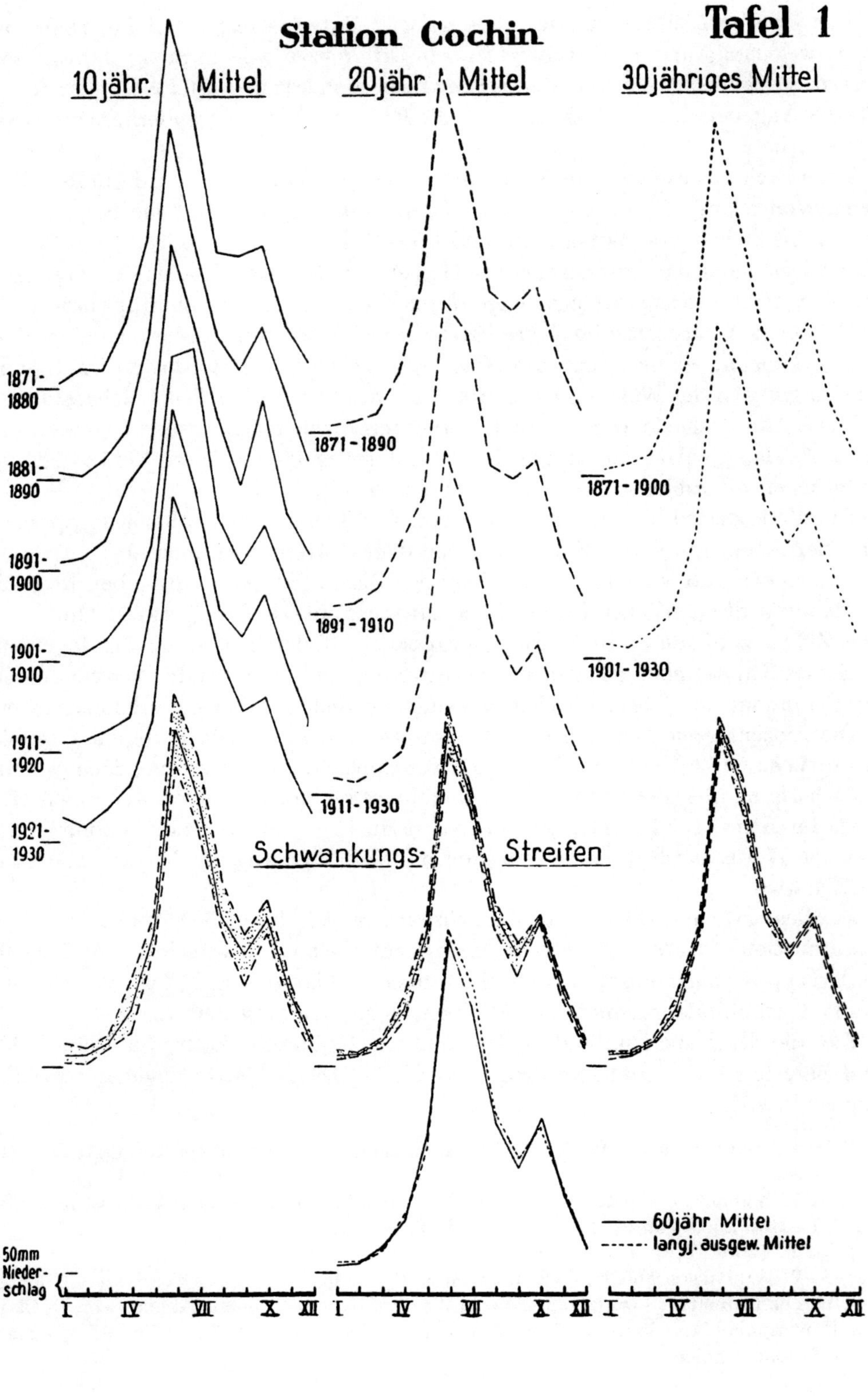

Tafel 2

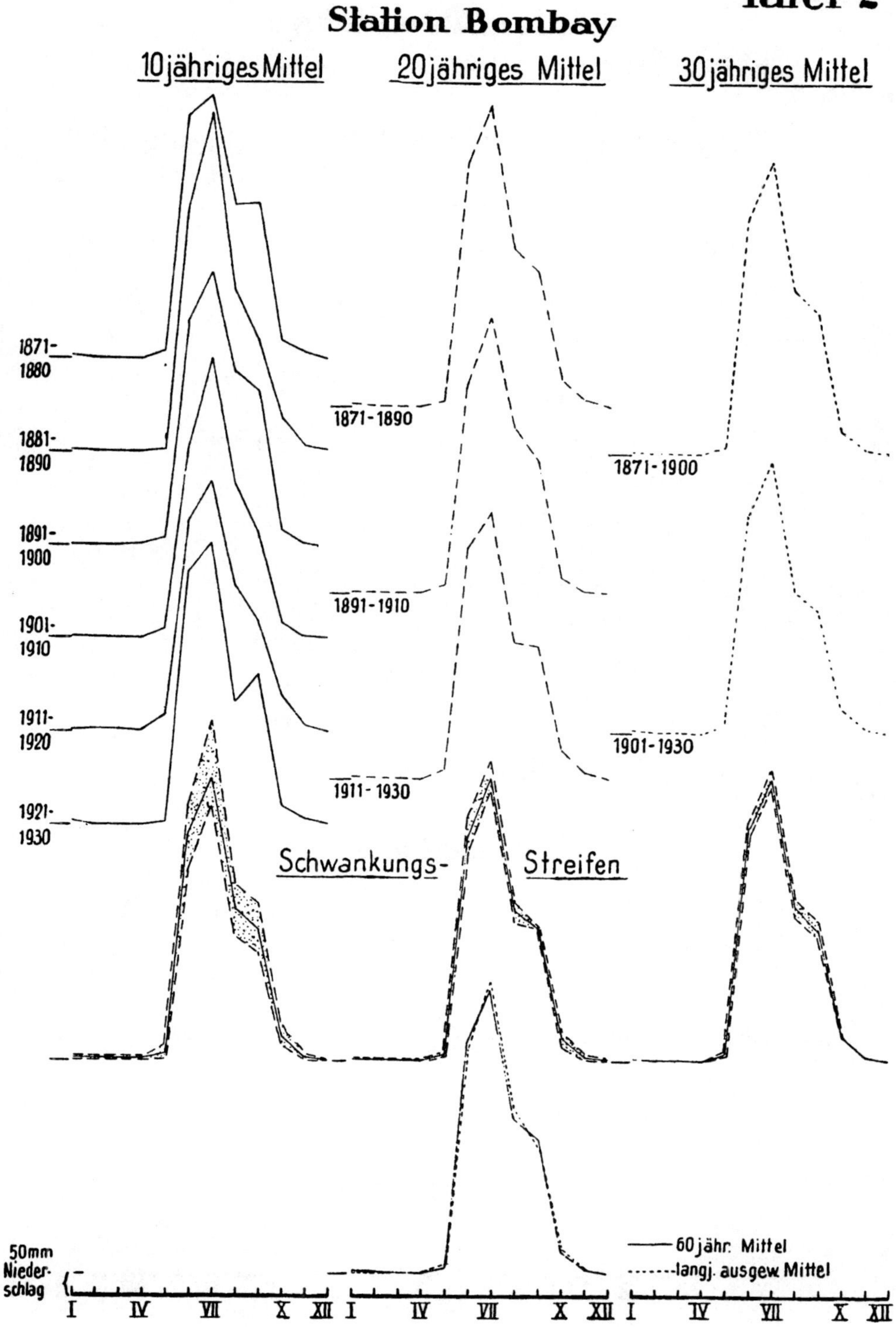
Station Bombay
10jähriges Mittel
20jähriges Mittel
30jähriges Mittel
1871-1880
1881-1890
1891-1900
1901-1910
1911-1920
1921-1930
1871-1890
1891-1910
1911-1930
1871-1900
1901-1930
Schwankungs- Streifen
50mm Niederschlag
60jähr. Mittel
langj. ausgew. Mittel
I
IV
VII
X
XII

Tafel 3

Station Ahmadabad

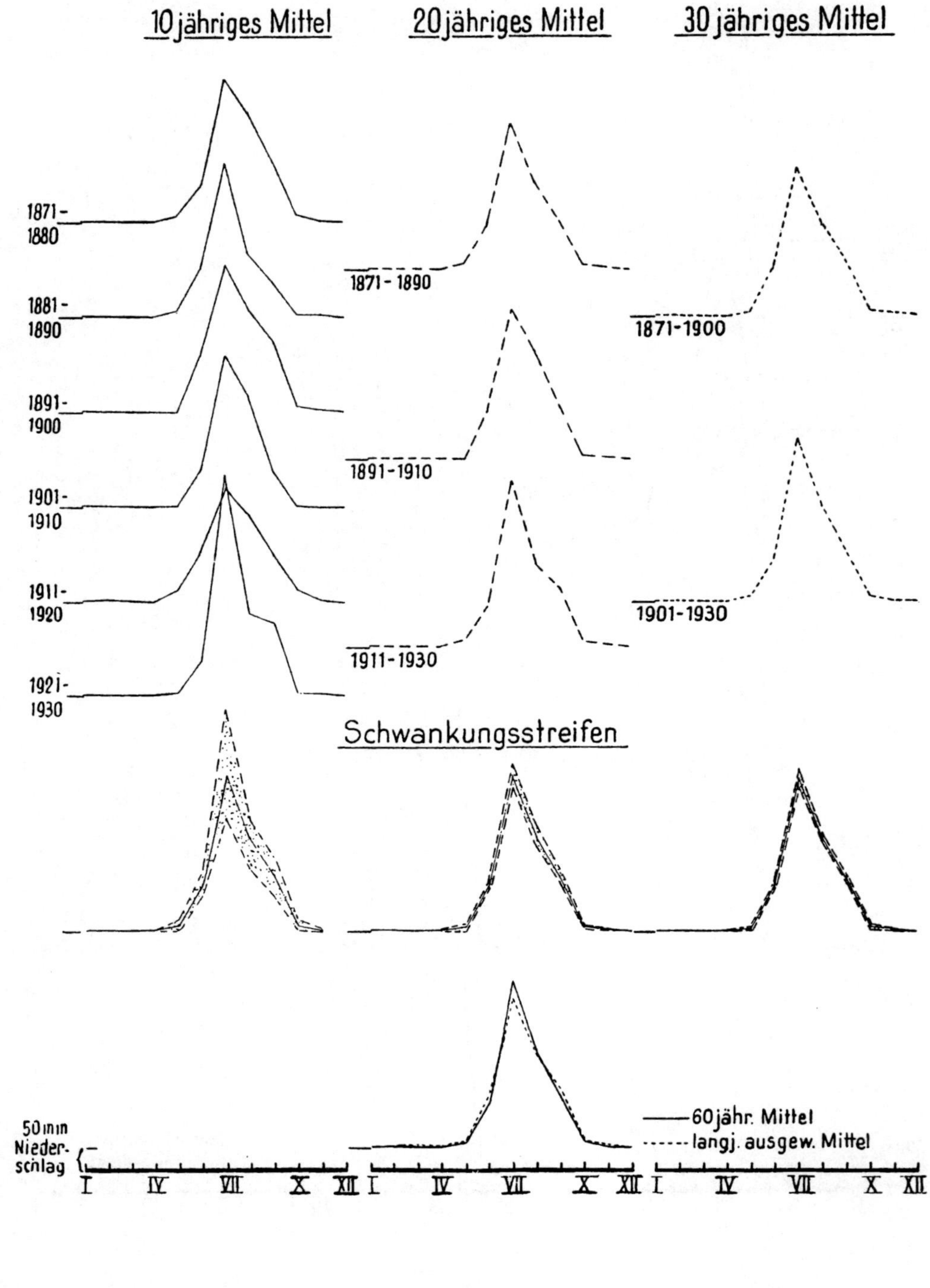

Tafel 4

Station Karachi

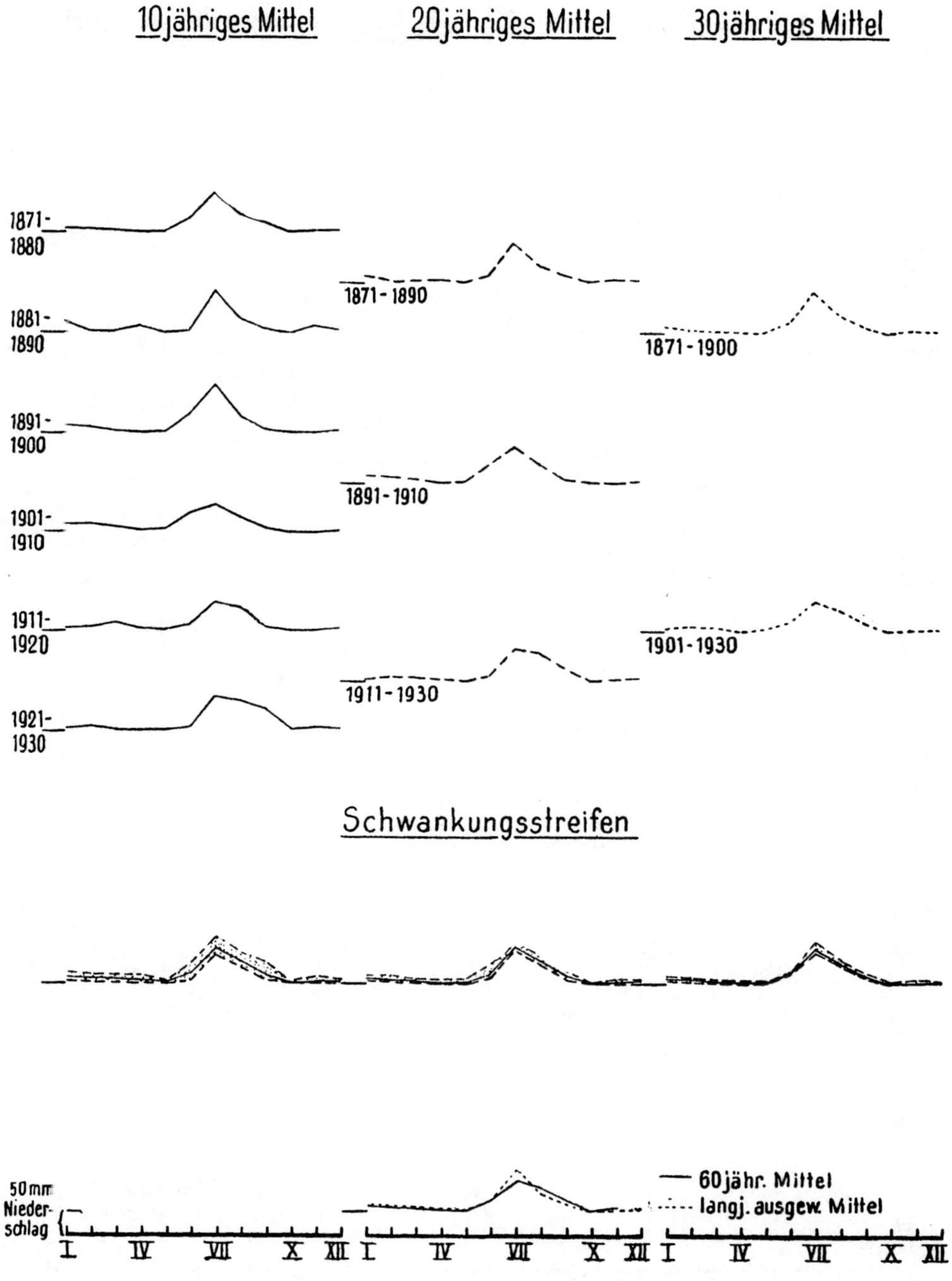

Tafel 5

Station Bangalore

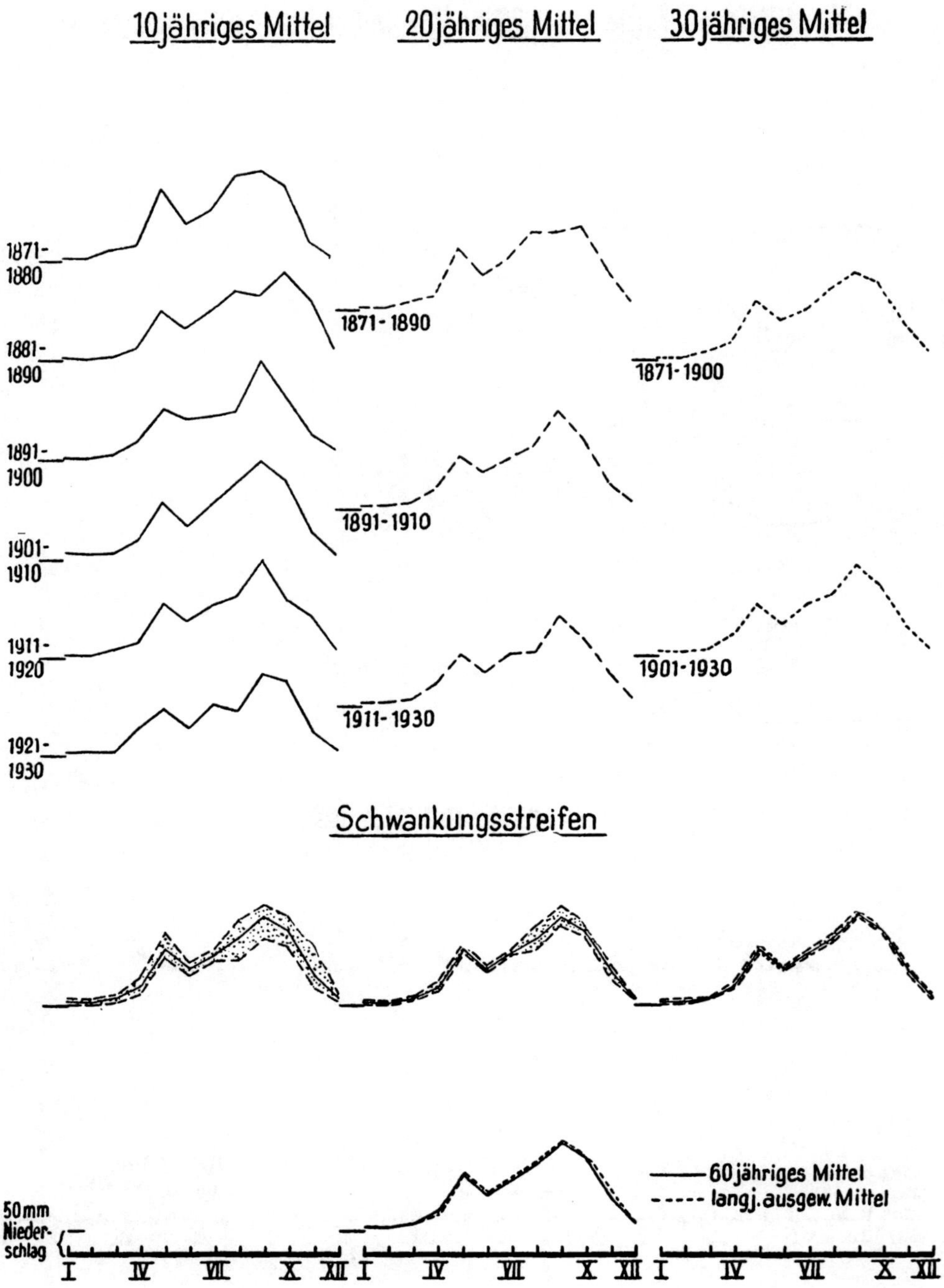

Tafel 6

Station Madras

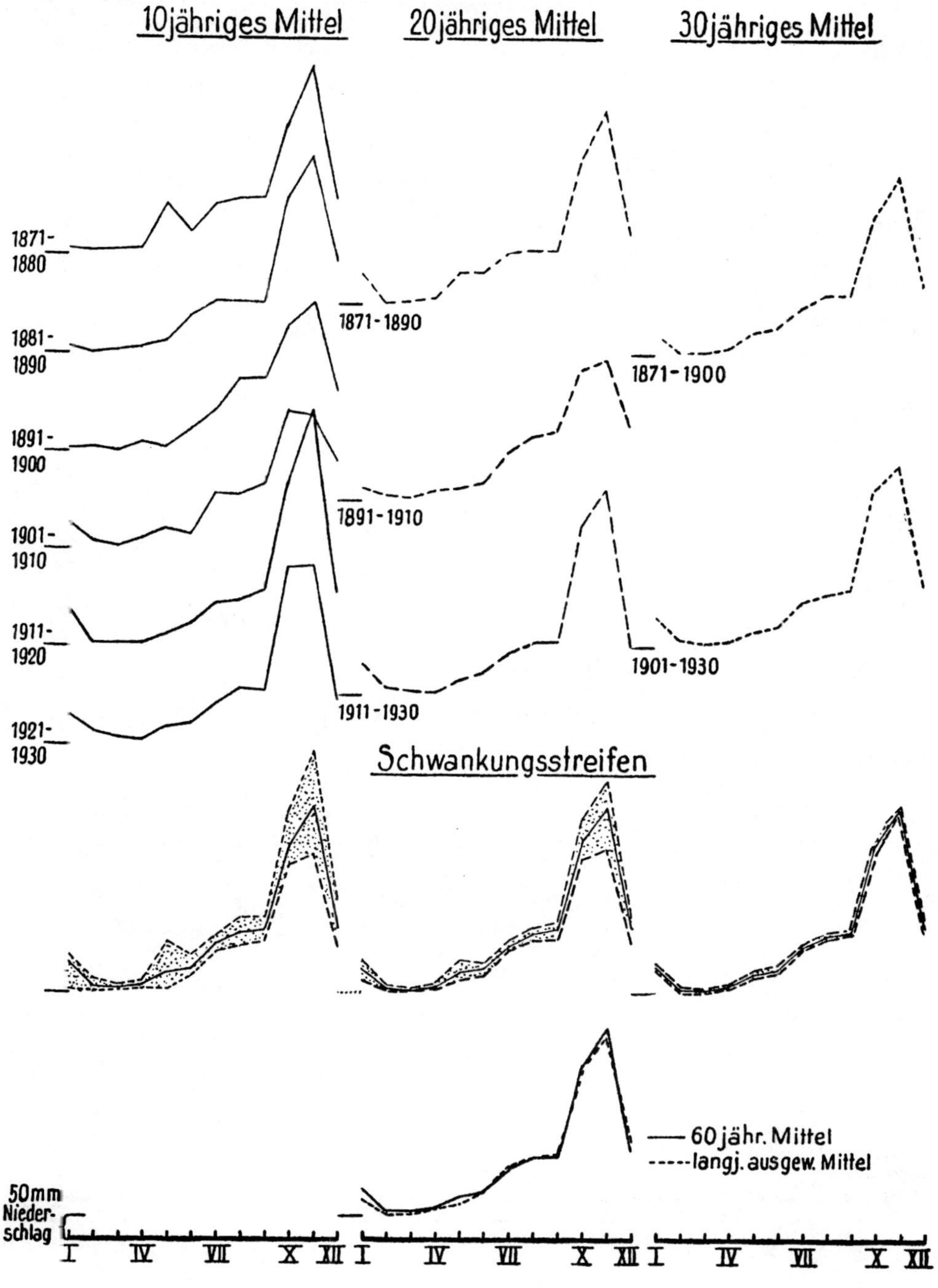

Tafel 7

Station Colombo

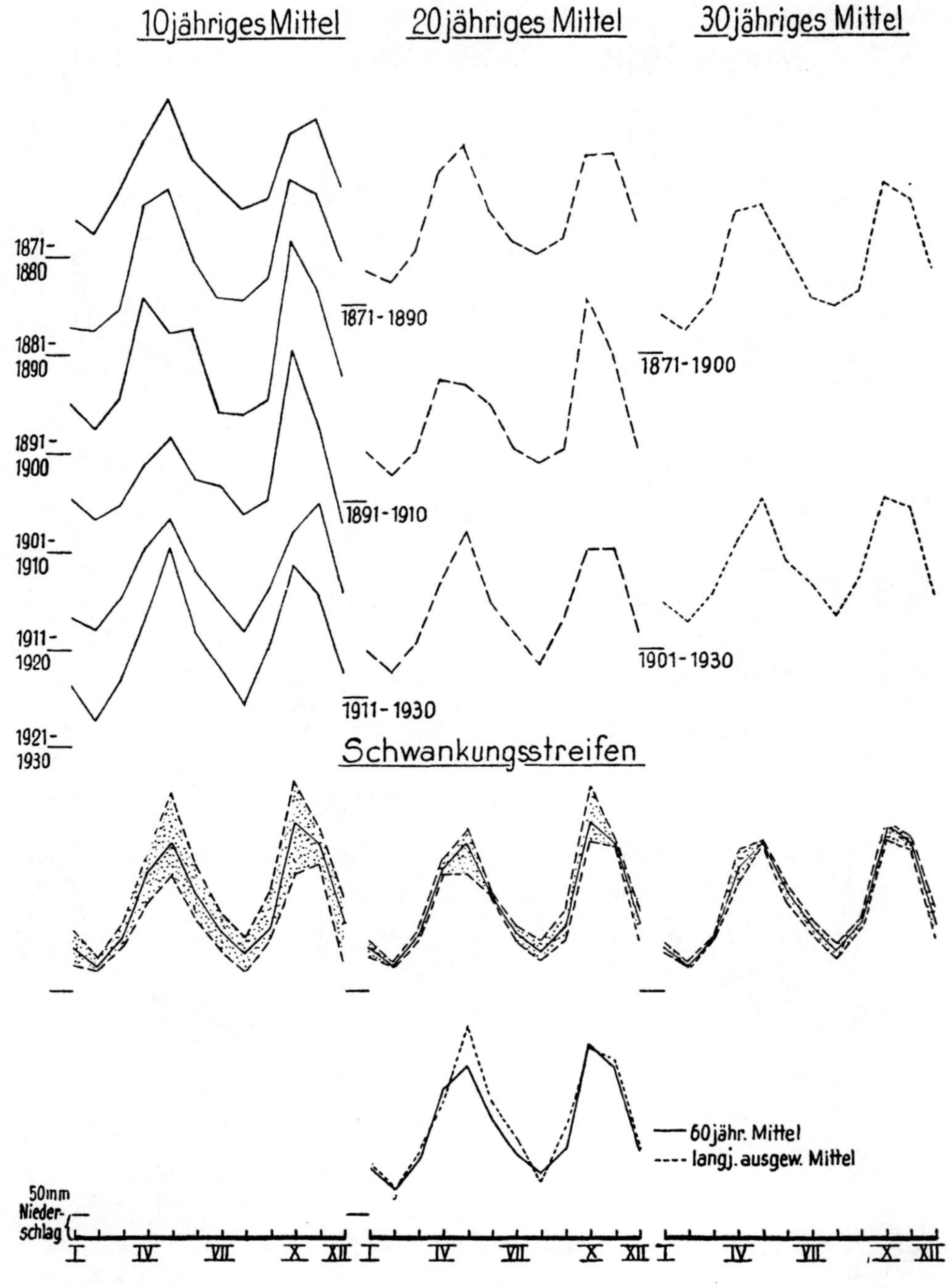

Tafel 8

Station Calcutta

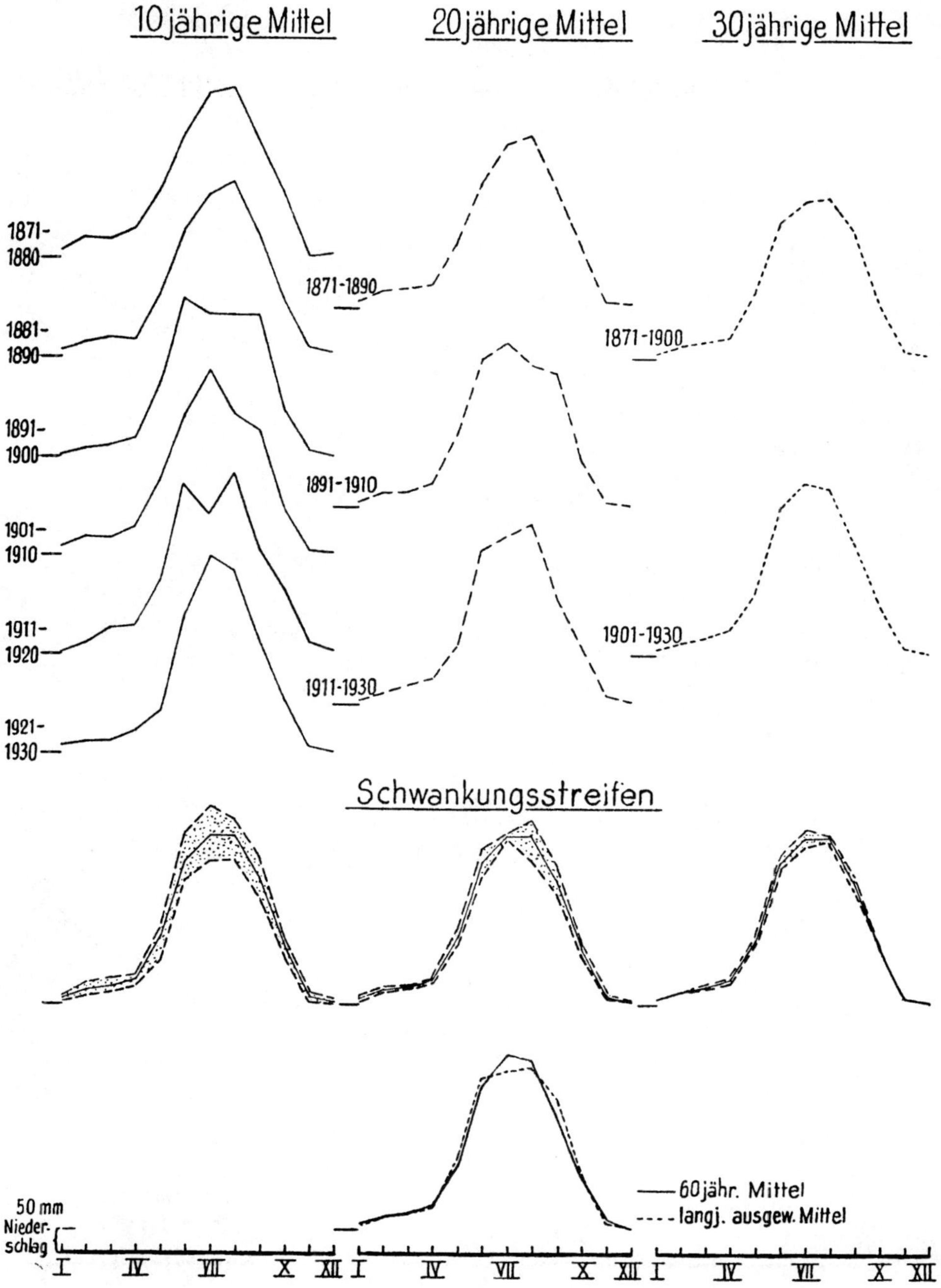

Tafel 9

Station Waltair

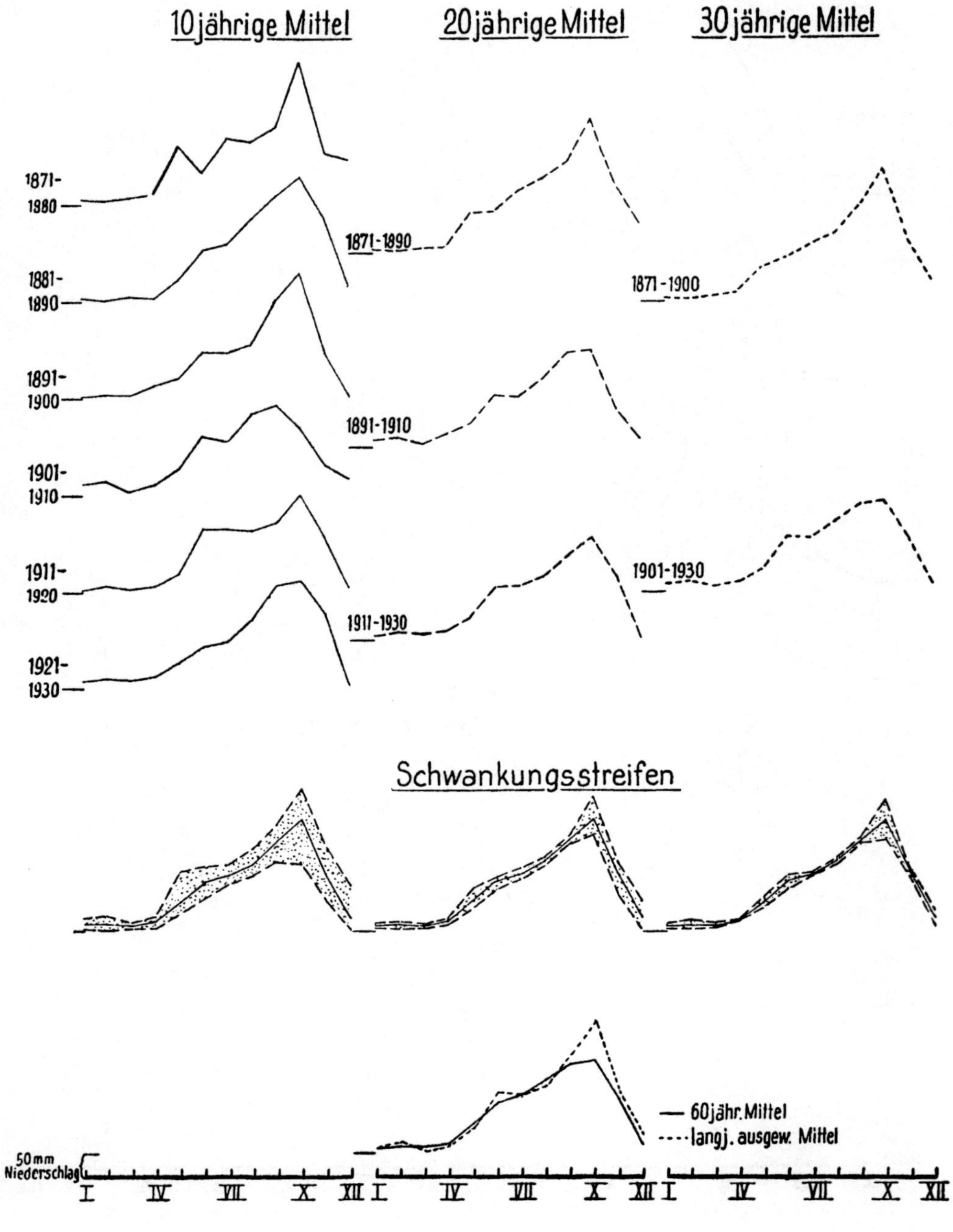

Einen bequemen Überblick über die Größe der Schwankung verschieden langer Reihen — gemessen an ihrer Abweichung vom sechzigjährigen Mittel — geben die Schwankungsstreifen, wie sie das jeweils unter den einzelnen Kurven liegende Diagramm veranschaulicht. Darin zeigt die ausgezogene Kurve in der Mitte den Jahresgang des Regenfalls nach dem sechzigjährigen Mittelwert, während dann, durch die Zusammensetzung der Extremwerte von jedem Monat, aus den verschiedenen kürzeren Reihen der Schwankungsstreifen gebildet wird. Seine Breite (punktierte Fläche) läßt die Veränderlichkeit der zehn-, zwanzig- und dreißigjährigen Mittel erkennen.

Schließlich möchte ich noch die Größe der Unterschiede zwischen den langjährigen Mitteln an der Abweichung des sechzigjährigen Mittelwertes (ausgezogene Linie) von dem in dieser Untersuchung ausgewerteten (punktierte Linie) zeigen, die ich hierfür übereinander gezeichnet habe. Beim Vergleich dieser beiden untersten Kurvenbilder zeigt sich durch die außerordentlich minimalen Differenzen die große Übereinstimmung dieser langjährigen Reihen.

Ferner zeigt sich die Abnahme der Schwankungsbreite beim Übergang von zehnjährigen zu zwanzig- und vor allem dreißigjährigen Mitteln. Ganz besonders gering sind die Unterschiede nur noch im Jahresgang der Niederschläge zwischen den dreißigjährigen und sechzigjährigen Reihen auf Tafel 1—6. Aber auch die übrigen drei Stationen (Tafel 7—9) weichen keineswegs erheblich vom Regionaltyp ab, wie die geringe Vergrößerung der Regenmenge im Herbst in Colombo (Tafel 7), die zur Verlagerung des absoluten Maximums auf den Herbst führt, und der Wechsel des Höchstwertes zwischen Juli und August in Calcutta (Tafel 8) zeigen. Die stärksten Differenzen lehrt Waltair (Tafel 9); auf sie gehe ich in der Detailuntersuchung genauer ein.

Aber nicht nur zwischen den dreißig- und sechzigjährigen Mitteln besteht diese große Übereinstimmung, auch die zwanzigjährigen und schon die zehnjährigen Reihen zeigen durchweg die kennzeichnenden Grundzüge, wie sie uns in den Regionaltypen entgegentreten werden. Kleinere Abweichungen, wie der stärkere Anstieg des relativen Maximums im Mai in dem Dekadenmittel 1871—1880 von Madras sind durchweg in den zwanzigjährigen Mitteln schon ausgeglichen. Und sogar in der Trockenregion in Karachi, wo man es am wenigsten erwarten sollte, zeigen die zehnjährigen Reihen schon die typischen Züge: die kurze Regenzeit von zwei bis drei Monaten mit dem Eintritt des absoluten Maximums im Juli.

Dieser kurze Überblick lehrt uns, daß selbst zehnjährige Reihen im indischen Monsunbereich fast durchweg die Grundzüge im Jahresgang der Niederschläge zeigen. Durch die Verwendung der dreifachen Periode wird dann eine sehr große Übereinstimmung mit den langjährigen Mitteln in allen Niederschlagsregionen erreicht. So ergibt sich trotz der dreißigjährigen und fünfundfünfzigjährigen Reihen eine außerordentlich gute Homogenität des gesamten Materials. Dieses Ergebnis ist wertvoll für die Beurteilung des Grades von Sicherheit und Realität, der den Regionen, ihren Typen und Begrenzungen, wie wir sie weiter unten aufstellen können, zukommt.

c) Die Verarbeitungsmethode.

Zum Abschluß der methodischen Grundlegung sei noch die Verarbeitungsmethode dieses Zahlenmaterials und damit vor allem die Bildung der Stationengruppen erläutert. Zunächst wurden nach den Mittelwerten aller Stationen Diagramme gezeichnet und dann alle gleichverlaufenden Kurven zusammengestellt. Schon Tüllmann[1]) wählte bei einer ähnlichen Fragestellung in der Südsee wegen ihrer großen Übersichtlichkeit diese Zusammenfassung der einzelnen Kurvenzüge zu „Gruppenbildern". Meine Einteilung weicht nun aber von seiner einmaligen Einordnung und Auswahl typischer Vertreter durch eine dreifache Gliederung in Teilregionaltypen, Regionaltypen und Großregionaltypen ab.

Teilregionaltypen wurden stets durch Mittelung aus Stationen mit übereinstimmendem Eintritt der Extrema und weiter sowohl fast gleicher Länge der Regenperiode als auch gleicher absoluter Niederschlagshöhe gewonnen. Sie sind auf den zwanzig Tafeln in der zweiten Spalte durch gestrichelte Linien gezeichnet. Zur besseren Übersicht wurde auch die dem Teilregionaltyp zugrunde liegende Gruppe von Stationen durch gestrichelte, aber senkrecht verlaufende Linien untereinander verbunden.[2]) Diese Zusammenfassung zur Teilregion wurde ganz unabhängig von der Lage der Stationen nur nach dem Kurvenbild getroffen, so daß im Anschluß daran die Herausschälung von Gebieten wie dem Gangesdelta oder der Halbinsel Kathiawar sehr deutlich die Beziehung von Niederschlagstyp und Landschaftscharakter zeigt. Daneben werden wir aber in einzelnen Fällen, wie z. B. im Brahmaputratal und dem südlichen Vorland der Khasiberge davon abweichend erkennen, daß diese durch die Gebirgsbarriere getrennt liegenden Regionen denselben Jahresgang der Niederschläge aufweisen.

Einen größeren Überblick über die Regenverteilung gewinnen wir durch die Betrachtung der siebenundzwanzig Regionaltypen. Hierzu wurden Teilregionaltypen zusammengefaßt, in denen die Länge der Regenperiode und die absolute Niederschlagshöhe keine größeren Veränderungen zeigt. Differenzen im Eintritt des absoluten Maximums wurden nur bis zu zwei Monaten zugelassen. Diese Regionaltypen kennzeichnen durchweg ausgedehntere Gebiete wie z. B. Nordwestindien.

Die stärkste Generalisation dieser mannigfaltigen Niederschlagsverhältnisse bildet dann eine Gruppierung aller Stationen dieses ganzen Untersuchungsgebietes nach dem Eintritt des absoluten Maximums in einer der Jahreszeiten zu fünf Großregionaltypen. Sehr stark schwankt in diesen Großregionen die Länge der Regenperiode.

Dieser Verarbeitungsmethode, die die Aufstellung von Niederschlagstypen zur Erfassung der Eigenart der klimatischen Raumeinheiten in den Mittelpunkt stellt, liegt ein anderes Ziel zugrunde, als der schon erwähnten Arbeit von H. F. Blanford. Er stellt die vier Jahreszeiten in den Vordergrund und untersucht die Regenmengen in jeder indischen Provinz in jedem dieser Zeitabschnitte. Vergleiche

[1]) H. Tüllmann, Die Niederschlagsverhältnisse der Südsee-Inseln; Archiv der Deutschen Seewarte, 56. Band, Nr. 5, 1936, S. 19.

[2]) H. Tüllmann, a. a. O., S. 20 ff., zeichnete schon vertikale Randleisten, um dadurch die Zusammenfassung der Diagramme zu „Gruppenbildern" zu zeigen.

mit den Angaben aus dem Regenwerk von Blanford sind besonders aufschlußreich, da er kürzere Beobachtungsreihen und aus einer Periode vor 1886 verwandt hat. An Stelle der von mir durchgeführten Veranschaulichungen der Niederschlagsverteilung durch Typendiagramme fügt Blanford seinen Ausführungen eine sehr große Anzahl von Tabellen bei.

Ich hielt die graphische Darstellung für anschaulicher und besser geeignet zum Vergleichen und richtigen Gruppieren.

B. Allgemein klimatologische Grundlegung.

Es gilt nun noch, die allgemein klimatologischen Grundlagen für diese Untersuchungen darzulegen. Für diesen Zweck soll dieser Überblick über die Ursachen der Eigenart des indischen Monsunregimes und die grundlegend differenzierenden Faktoren den Beitrag zum Verständnis der Niederschlagstypen liefern.

Für die Bildung eines selbständigen indischen Tiefdruckgebietes ist die Abgrenzung der Halbinsel im Norden gegen die zentralen Regionen Asiens von Bedeutung. Denn das ungeheure Gebiet des asiatischen Kontinents darf nicht, „worauf Woeikof mehrfach nachdrücklich aufmerksam gemacht hat“, als eine einzige Zyklone betrachtet werden, sondern wir haben vielmehr mehrere Bruchstücke vor uns, „die dadurch entstehen, daß sehr hohe Gebirge und Plateaus eine allgemeine zyklonische Zirkulation nicht zustandekommen lassen.“[1]) Die scharfe Trennung durch den gewaltigen Gebirgswall des Himalaja bildet zusammen mit den birmanischen Ketten, die nur selten echte Hochgebirgshöhen erreichen, aber in ihrer Nord-Süd-Richtung das Gangestiefland schroff abschließen[2]), und den im Nordwesten aufsteigenden Suleiman- und Kirtharketten einen festen Abschluß. Auf Grund der Ergebnisse von Pilotaufstiegen und Wolkenbeobachtungen hat A. Wagner gezeigt[3]), daß über das Gebirge — außer über die östlichen und westlichen Ausläufer — kein Luftaustausch von Innerasien und Vorderindien statt hat. Wagner führt dazu aus, daß der Südwestmonsun in dieser Höhe nicht mehr existiert, denn „das sommerliche Tiefdruckgebiet über Nordindien ist nur seicht und darüber lagert sich infolge der für die Monsunzeit nachgewiesenen relativ langsamen Temperaturabnahme mit der Höhe bereits in 4 km Höhe ein Hochdruckgebiet, wodurch an dessen Südseite Ostwinde, im Norden davon Westwinde verursacht werden.“

Mit der Isolierung an der nördlichen Peripherie ist eine große Offenheit im Süden, durch das Hineinragen der Halbinsel in den Indischen Ozean, verbunden. Diese Verhältnisse bewirken im Sommer das Einströmen feuchter Luftmassen vom Meer, dagegen verhindert im Winter der mächtige Schirm des Himalaja den Einbruch des kalten, trockenen Nordostwindes. Der Südwestmonsun wird dadurch, zum Unterschied von den außertropischen Gebieten, zur Hauptluftbe-

[1]) W. R. Eckardt, a. a. O., S. 543.

[2]) K. Helbig, a. a. O., S. 245 f.

[3]) A. Wagner, Aerologische Untersuchungen in Indien; Met. Z., Bd. 42. 1925, S. 309.

wegung; er „stellt ein mächtiges bis zur mittleren Kammhöhe des Himalajas hinaufreichendes stationäres, zyklonales Störungssystem dar.“[1])

Wie der vorderindische Monsun sich nicht von der allgemeinen planetarischen Zirkulation trennen läßt[2]), gehören die ihn begleitenden Niederschläge wie die Zenitalregen zur Innertropischen Konvergenzzone, die hier im Sommer weit nach Norden bis an den Himalaja ausgreift. „Der jahreszeitliche Ablauf der Monsunregen Indiens zeigt klar, wie auch in Indien die Hauptregenfälle an den Durchzug der Monsunkonvergenz gebunden sind.“[3])

Dieser Hauptträger der Feuchtigkeit übt nicht immer denselben Einfluß auf die Küstenstriche und Hinterländer aus, da er sich durch die Gabelung des Indischen Ozeans im Norden, infolge der Gestalt Vorderindiens, nicht gleichmäßig über beiden Meeresbecken zu entfalten vermag. Im Westen über der weithin offenen Wasserfläche kann sich der Südwestmonsun ungehindert bilden, „überreiche Feuchtigkeit sammeln und ... mit gewaltiger Schlagkraft bei hohen Wind- und Seestärken den Küsten entgegenjagen.“[4])

„Anders der bengalische Zipfel des Indischen Ozeans, der nicht zu Unrecht nur die Bezeichnung eines ‚Golfes‘ oder ‚Meerbusens‘ trägt“; hier liegen sich die Festlandsseiten von Vorder- und Hinterindien näher gegenüber.[5]) Der zweite Ast der Sommermonsuns strömt mit starker Südkomponente über diesen Golf nach Bengalen und fließt das Gangestal aufwärts, um sich in dem Kerngebiet der Depression in Nordwest-Indien mit dem ersten Zweig in Form einer Zyklone zu vereinen.

Der Südwestmonsun kommt außerdem über der Halbinsel verschieden zur Auswirkung, da sie sich über dreißig Breitengrade erstreckt. Diese große Ausdehnung in meridionaler Richtung ruft starke Differenzen hervor. Ceylon, der südlichste Teil des Untersuchungsgebietes, reicht bis 5⁰ nördl. Breite, und da der Monsunregen an der Westküste dieser Insel zuerst einsetzt und sich „in 2—3 Wochen bis zum Wendekreis“[6]) fortpflanzt, unterscheiden sich Zonen höherer und niederer Breite durch die Ausdehnung der Trockenzeit im Frühsommer.

Ein weiterer Faktor, auf den wesentliche Varianten in der Verteilung der Monsunregen zurückzuführen sind, ist die verschiedene Entfernung der Gebiete vom Meer; sie ergibt sich hier aus der Dreiecksgestalt der Halbinsel mit der Zuspitzung nach Süden. Dadurch sind Maritimität und Kontinentalität in verschiedenem Grade vertreten, und es werden Küstenzonen von Zentralregionen getrennt.

---

[1]) A. Wagner, Zur Aerologie des indischen Monsuns; Beiträge zur Geophysik, Bd. 30 Leipzig 1931, S. 215.

[2]) Raethjen, P. Das planetarische Zirkulationssystem; Annalen der Meteorologie, Hamburg 1951, S. 52ff.

[3]) Flohn, H. Atmosphärische Zirkulation und Klimagürtel, Deutscher Geographentag, Frankfurt/M 1951, Tagungsbericht und wissenschaftliche Abhandlungen. Remagen 1952 S. 114f., Abb. 5 und 9.

[4]) K. Helbig, a. a. O., S. 244.

[5]) K. Helbig, a. a. O., S. 245.

[6]) J. Hann, a. a. O., S. 198.

Die Dreiecksgestalt Vorderindiens bedingt ferner den verschiedenen Küstenverlauf. Die Westküste ist von Nordwesten nach Südosten, dagegen die Nordkoromandelküste von Nordosten nach Südwesten gerichtet, und der mittlere Abschnitt verläuft von Norden nach Süden. Die Unterschiede erhalten in Verbindung mit der Windrichtung ihre hohe Bedeutung; ergibt sich doch beim senkrechten Auftreffen auf die Küste, wie an der Südwestflanke, ein maximaler Regenbetrag im ersten Monsunmonat, dagegen fehlt fast jeder Niederschlag bei küstenparalleler Strömung, wie im mittleren Teil der Koromandelküste. — Im Spätherbst vertauschen sich die Regenmengen beider Zonen, denn es treffen Ostwinde, die auf der Südseite der Konvergenzzone des zurückweichenden Monsuns wehen[1]), senkrecht auf den im Sommer regenarmen Landstreifen und bringen den Höchstwert der Niederschlagsbeträge. In dieser Kenterungsperiode des Südwestmonsuns bilden sich außerdem besonders im Oktober Zyklonen über dem Golf von Bengalen. Die Region, in der sie erscheinen, zieht sich von Norden nach Süden von September bis Mitte Dezember zurück[2]). Deshalb erhalten die südlichen Teile der Koromandelküste erst im Spätherbst Zyklonen- und Monsunregen.

Der wichtigste Modifikationsfaktor bei der Umwandlung der Strömungsverhältnisse ist das Relief; denn „wo konstante Winde wehen, wie die Passate und Monsune, haben die Gebirge nicht bloß einen großen Einfluß auf die Quantitäten, sondern auch auf die jährliche Periode des Regenfalls“[3]). Die Exposition gegen die regenbringenden Winde ist durch die Ausbildung von Luv- und Leeseiten zusammen mit der Höhenlage, die den Grad der Ausprägung bestimmt, entscheidend für die Verteilung der Niederschläge.

Ein Überblick über das vorliegende Untersuchungsgebiet läßt das Fehlen ausgesprochener Windscheiden im Norden der Halbinsel in den Tiefebenen von Ganges und Indus erkennen, die in scharfem Gegensatz zu den Gebirgszügen Südindiens, besonders den Westghats, stehen. Die Ostghats trennen dagegen keineswegs mit der gleichen Stärke Küstenzonen und Zentralregionen, denn sie sind niedriger und reichlich zertalt.

Diese Unterschiede setzen sich über die angeführten Grundzüge ins Detail fort und ergeben mannigfaltige Varianten, so daß allein die Abwandlung der Luftbewegungen durch das Relief viele Veränderungen im Jahresgang der Niederschläge zur Folge hat.

---

[1]) H. Flohn, Witterungs-Singularitäten im Monsunklima Indiens; Ann. d. Hydr., 71. Jahrgang, 1943, S. 290.

[2]) S. C. Roy and A. K. Roy, Structure and movement of cyclones in the Indian seas; Beitr. Physik fr. Atm., Bd. 16, 1930, S. 225.

[3]) J. Hann, a. a. O., S. 216.

C. Regionale Typen im Jahresgang der Niederschläge in Vorderindien und ihre Beziehung zu Landschaftsgrundlagen.

Mit Hilfe von zwanzig Tafeln soll nun an Hand der Einteilung in Großregionen, Regionen und Teilregionen die Untersuchung über dem Jahresgang der Niederschläge und seine Beziehung zu den Landschaftsgrundlagen durchgeführt werden. Ich gehe hierbei aus von Nord-Indien, um zunächst die Verbreitung des kontinentalen Sommermonsunregentyps zu zeigen und dann über Zentral- und Süd-Indien einschließlich Ceylons die Betrachtung fortzuführen. Eine Nordwest-Indische Grenzregion bildet danach den Abschluß.

I. Großregionaltyp: Sommermonsunregen in Nord-Indien und an der Konkanküste.

Der Eintritt des absoluten, aber auch einzigen Regenmaximums in den Sommermonaten und die Lage der Hauptniederschlagsperiode in diesem Quartal, außerdem das Vorhandensein einer bestimmten Anzahl zusammenhängender Trockenmonate im Winter, sind die charakteristischen Züge im Jahresgang der Niederschläge der Stationen, die zu dem ersten Großregionaltyp zusammengefaßt worden sind. Die Stationen liegen über große zusammenhängende Gebiete Vorderindiens ausgebreitet, und mehr als die Hälfte der Halbinsel läßt sich dadurch zusammenschließen. Nach ihrer Ausdehnung nimmt diese Zone den ersten Platz unter den Großregionen ein. Der Niederschlagstyp beherrscht ganz Nord-Indien: er reicht im Osten bis Burma, schneidet im Norden mit dem Himalaja ab und wird im Westen von den Suleimanketten begrenzt. Nach Süden nimmt er das Gangestal, das Bergland von Orissa bis an den Kamm der Ostghats ein und überschreitet den Unterlauf der Godavari; von dort verläuft die Grenze in nordwestlicher Richtung bis zu den Satpuraketten, biegt dann scharf nach Süden um und schließt die Konkanküste ein. — Der Südwestmonsun bringt dieser Großregion in den Sommermonaten maximale Niederschläge; wie eingangs schon näher angegeben, ist er in Bombay- und Bengalenstrom geteilt. Die stark mit Feuchtigkeit beladenen Luftmassen prallen von Südwesten kommend im rechten Winkel auf die Konkan- und Malabarküste auf und strömen mit starker Südkomponente nach Bengalen und in das Gangestal ein.

Innerhalb dieser Großregion variieren vor allem der Eintritt des absoluten Maximums der Niederschläge zwischen Juni und September und außerdem die Dauer der Hauptregenperiode, die sich in den Kurvenbildern durch eine Veränderung in der Breite und Höhe zeigt. Eine Verkürzung durch Ausdehnung der winterlichen Trockenzeit auf Frühling und Herbst hat eine stärkere Konzentration der Niederschläge auf wenige Sommermonate zur Folge. Sie ist außer an dem Vergleich der Anzahl der zusammenhängenden Regenmonate recht deutlich an dem prozentualen Anteil der Niederschläge von Juni bis September zu erkennen.

Durch die Berücksichtigung dieser Unterschiede in der Kurvenbreite und -höhe läßt sich eine allmähliche Abnahme von der Ostgrenze bis zu den Suleimanketten verfolgen. An Hand der Regional- und Teilregionaltypen dieser I. Großregion soll diese Abstufung nun herausgearbeitet werden.

1. Regionaltyp des Ganges- und Mahanadideltas.

(Tafel I, Kurve 1)

Der Regionaltyp 1 der Stationen 34—71 weist eine breite, kuppige Form des Sommermaximums auf, also geringen Unterschied in der Niederschlagshöhe der Monate Juni bis September. Diese Gestalt kommt ferner darin zum Ausdruck, daß von den 74 %, die auf diese ganze Niederschlagperiode entfallen, 40% im Juli und August verzeichnet sind, die damit nur sehr wenig die beiden anschließenden Monate übertreffen. — Ferner erkennen wir in diesem Kurvenbild, daß das Anwachsen der Regenmenge vom Frühling zum Sommer in der gleichen Weise erfolgt wie die Abnahme vom Höchstwert zum Herbst. Weitere charakteristische Züge im Jahresgang dieser Region sind dann noch die Ausdehnung der winterlichen Trockenzeit auf die Monate November bis April und der Eintritt des absoluten Maximums im Dezember.

Diese Regenverhältnisse zeigen die achtunddreißig Stationen (34—71), die auf das Gangesdelta und das Tiefland von Bengalen bis an das Bergland von Orissa nach Westen ausgebreitet sind. Sie kennzeichnen somit ein zusammenhängendes, abgeschlossenes Gebiet, das im Norden durch die westliche Verlängerung der Khasiberge begrenzt wird. In dieses Tiefland, das ausser im Nordwesten, von Gebirgen und Bergländern umrahmt ist, strömen die feuchten Luftmassen des Bengalenstromes von Süden ein und bringen Niederschläge. Ab Januar steigt die Kurve (1) langsam an, denn ,,schon gegen Ende Januar treten ... an der Küste von Bengalen südliche Winde, zunächst nur als nachmittägige Seebrisen ein, die dann mit der fortschreitenden Erwärmung des Landes ihr Gebiet landeinwärts und auch auf die offene See hinaus weiter ausdehnen.“[1]) Mit dem April ist der sanfte Anstieg abgeschlossen und wird nach einem scharfen Knick durch einen steileren zum Mai abgelöst. Diese rasche Zunahme läßt das Erstarken der Seewinde und den Übergang zum Sommermonsun deutlich werden. ,,In Kalkutta setzen die Monsunregen um die zweite oder dritte Woche des Juni ein, zu Darjeeling schon etwas früher“[2]). Von Juni bis September, mit einem nur schwach angedeuteten Maximum im Juli, hält der Monsunregen mit gleicher Ergiebigkeit an, doch ab September fällt die Kurve steil ab. Der Oktober zeigt nur noch ein Drittel der maximalen Regenmenge, und im November sind wir mit etwa 20 mm Niederschlag im ersten Trockenmonat. — Zu dem Monsunregen tritt vor allem im Oktober der der Zyklonen. Wie das Kärtchen 1[3]) zeigt, liegen im Oktober eine große Anzahl von Bahnen im Bengalischen Meer, die die nördliche Koromandelküste und das Gangesdelta überziehen. In dieser Periode der Monsunenkenterung ist also der Zyklonenregen am Gesamtniederschlag mitbeteiligt. Vergleichen wir nun die Verhältnisse von Oktober und November (Karte 1 und 2), so erkennen wir, daß auf der zweiten Karte im nördlichen Teil des Bengalischen Meerbusens nur ganz vereinzelte Zugstraßen eingezeichnet sind. Diese Abnahme unterstützt den Übergang zur Trockenzeit in diesem Monat.

---

[1]) J. Hann, a. a. O., S. 199.

[2]) J. Hann, a. a. O., S. 223.

[3]) John Eliot, Climatological Atlas of India; Edinburgh 1906.

Tafel I

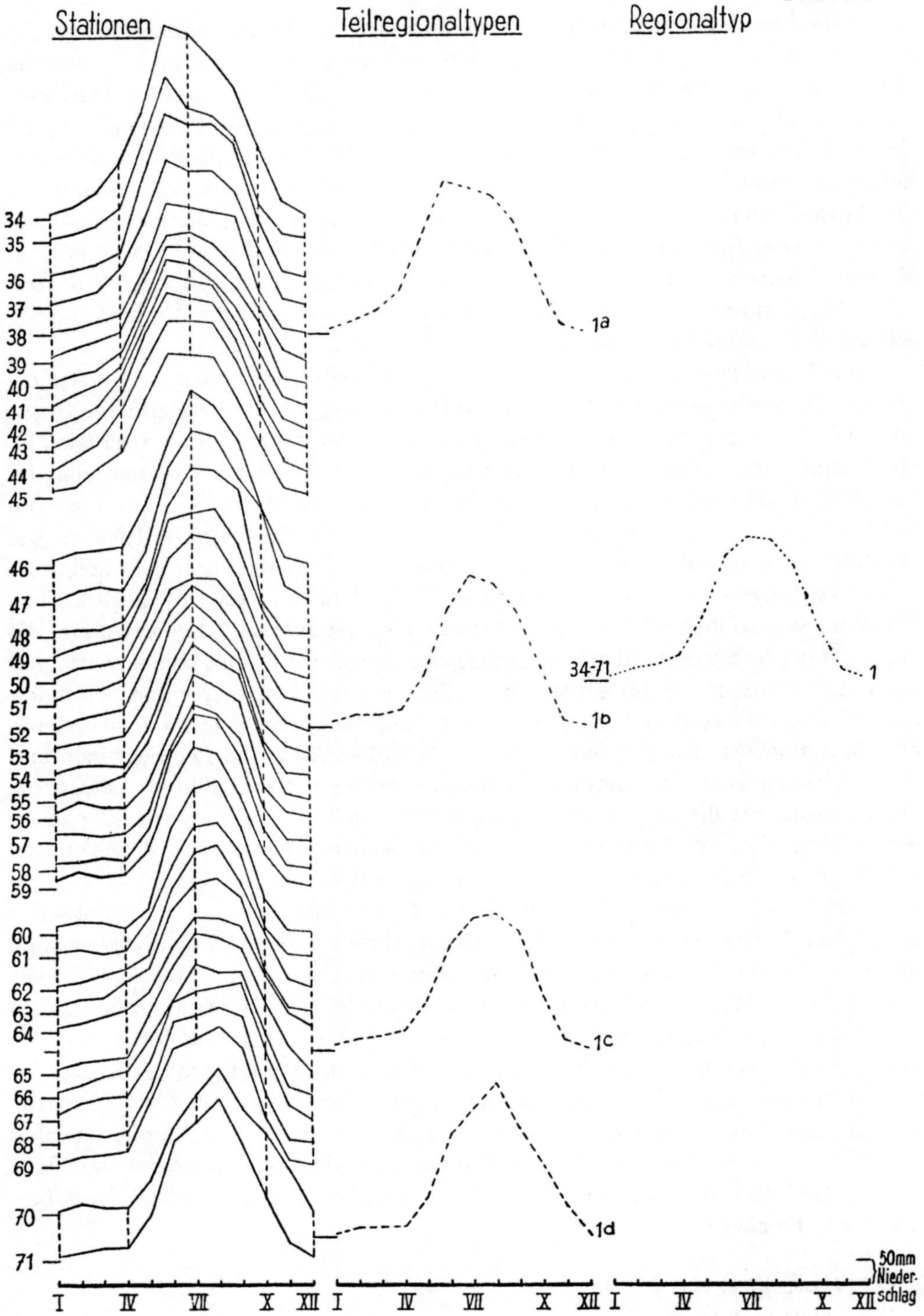
Stationen
Teilregionaltypen
Regionaltyp
34
35
36
37
38
39
40
41
42
43
44
45
46
47
48
49
50
51
52
53
54
55
56
57
58
59
60
61
62
63
64
65
66
67
68
69
70
71
1a
1b
1c
1d
34-71
1
I IV VII X XII
I IV VII X XII
I IV VII X XII
50mm Niederschlag

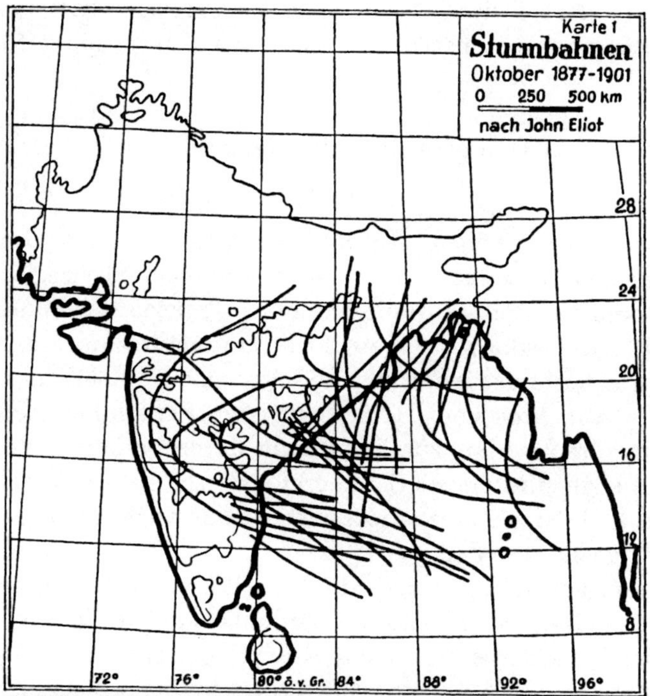
Karte 1
Sturmbahnen
Oktober 1877-1901
0 250 500 km
nach John Eliot
28
24
20
16
12
8
72°
76°
80° ö. v. Gr.
84°
88°
92°
96°

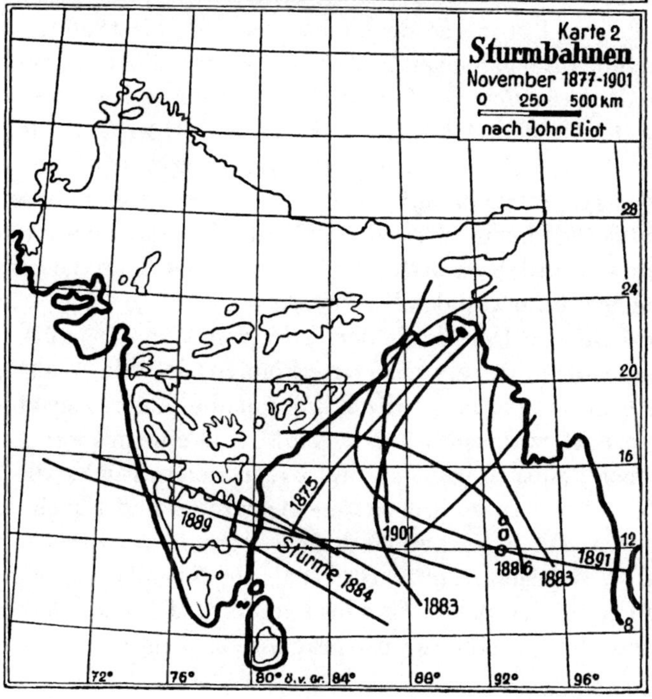
Karte 2
Sturmbahnen
November 1877-1901
0 250 500 km
nach John Eliot
28
24
20
16
12
8
1875
1889
Stürme 1884
1901
1886
1883
1891
1883
72°
76°
80° ö. v. Gr.
84°
88°
92°
96°

Durch Untergliederung der Region in Teilregionen, d. h. durch Mittelbildung aus kleineren Stationengruppen, werden wir weitere feinere Züge im Jahresgang erkennen können, Einzelheiten, die in dem Regionaltyp verwischt und vereint zu der Ausprägung der symmetrischen, kuppigen Kurvenspitze führten.

a) Teilregionaltyp des Gangesdeltas.

(Kurve 1a)

Abweichend von der kuppigen Form der Hauptregenmonate des Regionaltyps zeigt der Jahresgang der Stationen 34—45, die zu einem Teilregionaltyp (1a) zusammengefaßt sind, ein spitzes Junimaximum. Obgleich der Junibetrag nur 2% größer ist als in dem Regionaltyp, bewirkt er, unterstützt noch durch die Verringerung des Septemberbetrages um 2%, die Asymmetrie der Kurve. Sie bedeutet eine allmähliche Abnahme vom Höchstwert zum September, aber einen plötzlichen Übergang vom Frühling zum Maximum durch besonders rasches Anwachsen der Regenmenge zum ersten Sommermonat. Die kurze Trockenzeit setzt im November ein und ist schon im April mit 100mm Niederschlag, die 5% der Gesamtmenge betragen, beendet.

Alle diese wesentlichen Züge zeigen die Einzelkurven (34—45) des Teilregionaltyps (1a), der das Gangesdelta und die nördliche Fortsetzung des Tieflandes bis in die Breite der Khasiberge beherrscht, sehr übereinstimmend. Die Ausprägung des Junimaximums, die besonders für diesen Raum kennzeichnend ist, hat Blanford[1]) schon auf Grund kürzerer Beobachtungszeiten bis 1886 feststellen können. In diesem Ostteil des Bengalischen Tieflandes ist vor allem die Beschaffenheit des Bodens für die Bildung des maximalen Niederschlages im ersten Monsunmonat von Bedeutung. Es handelt sich um ein großes sumpfiges Gelände, das von vielen Flußarmen des Ganges und Brahmaputra durchzogen wird und daher als eine „Fortsetzung der See, nur mit Süßwasser"[2]) treffend bezeichnet worden ist. Hier streicht der Südwest-Monsun über ein Tiefland, ohne daß sich die relative Feuchtigkeit dadurch wesentlich erniedrigt. So kommt es beim Überwehen schon in den ersten Wochen zu maximaler Kondensation.

Eine größere Zahl von Details als der Teilregionaltyp (1a) zeigt der Jahresgang der einzelnen Stationendiagramme. Wir erkennen, daß die Ausprägung der Kurvenspitze zwar durchweg zum Ausdruck kommt, besonders scharf aber in Station 34 und 35 hervortritt, während die Kurven 38—45 eine größere Ausgeglichenheit zeigen. Abweichend sind Station 36 und 37, in denen wieder die Zuspitzung im Juni stärker betont ist. Diese drei Stationengruppen reihen sich von Süden nach Norden aneinander. Die Stationen 34 und 35 liegen in der Küstenzone des Deltas, Station 36 und 37 dagegen in größerer Höhe der Khasiberge, während die dritte Gruppe den mittleren Teil des Tieflandes einnimmt. Daraus möchte ich schließen, daß Küsten- und Gebirgsnähe die Ausprägung des Junimaximums unterstützen.

---

[1]) H. F. Blanford, a. a. O., S. 42ff.

[2]) G. Simpson, The South-West Monsoon; Quarterly Journal of the Royal Meteorological Society, Vol. XIVII, London Juli 1921, S. 157.

In dem ersten Fall tritt durch Reibung der Luftschichten am Boden beim Übertritt aufs Land, in dem zweiten setzt durch den Stau der Luftmassen vor dem Gebirgshindernis der Khasiberge eine stärkere Kondensation ein als in der mittleren Zone, über die der Luftstrom gleichmäßiger fließt.

b) Teilregionaltyp von West-Bengalen.

(Kurve 1b)

Der Teilregionaltyp West-Bengalens (1b) zeigt die Verlagerung des Höchstwertes auf den Juli. Diese Verschiebung um einen Monat ist mit einziger Ausnahme von Station 49 in allen Diagrammen 46—59, die durch Mittelbildung diese Kurve 1b ergeben, festzustellen und bildet somit ein Hauptkennzeichen in dem Jahresgang der Niederschläge des zweiten Gebietes (1b). Der Vergleich mit dem Regionaltyp (1) ergibt wesentlich größere Übereinstimmung, als in dem vorangehenden Fall zu konstatieren war, da vor allem dieses Diagramm (1b) symmetrisch ist: der Anstieg vom Frühling zum Sommermaximum erfolgt in der gleichen Weise wie der Übergang vom Höchstwert zur winterlichen Trockenzeit. Die regenarme Periode reicht von November bis einschließlich April und dauert damit einen Monat länger, als in dem vorhergehend untersuchten Teilregionaltyp (1a). Somit kommt zu der Verlagerung des Maximums als weitere Veränderung die Verkürzung der Regenzeit um einen Monat hinzu.

West-Bengalen, über das die Stationen 46—59 verteilt sind, liegt westlich des Gangesdeltas und erstreckt sich über das Tiefland bis an das Bergland von Orissa. In diesem Gebiet fehlen nicht nur die begünstigenden Momente für ein frühes Sommermaximum, die auf der Beschaffenheit des Bodens, dem sumpfigen Tiefland vor dem Gebirgswall, beruhten. Es verläuft außerdem die Küste westlich des Gangesdeltas nicht mehr in ostwestlicher Richtung, sondern von Südwesten nach Nordosten. Dadurch trifft der mit starker Südkomponente auf die Bengalenküste zuströmende Monsun sie nicht im rechten Winkel.

Die Betrachtung der einzelnen Stationendiagramme läßt keineswegs die große Gleichmäßigkeit erkennen, wie die im Gangesdelta gelegenen, sondern weist stärkere Veränderungen auf. So erhält die Station 49 im August etwas mehr Regen als im Juli. Außerdem werden die Kurvenbilder in der Reihenfolge von 46 bis 59 schmaler. Das zeigt besonders deutlich der Vergleich von Station 46 mit Station 59. Die Regenmenge nimmt im Mai wie im Oktober um etwa 50 mm ab und verkürzt dadurch die Niederschlagsperiode.

c) Teilregionaltyp des Vorlandes der Rajmahalberge.

(Kurve 1c)

Zu diesem dritten Teilregionaltyp sind — zum Unterschied zu den vorangehend betrachteten — Stationen (60—69) vereinigt worden, die auf getrennte Zonen verteilt sind. Die Aufspaltung ist in diesem Fall aber nicht so ausgeprägt, denn nur zwei Stationen — 68 und 69 — liegen außerhalb des größeren Gebietes: der Vorlandszone der Rajmahalberge. Sie nehmen hier einen schmalen Zipfel zwischen den ersten beiden Teilregionen 1a und 1b ein. In diesen Kurven 68 und 69 ist der Anstieg vom Juli zum August aber besonders schwach. Außerdem unterscheidet sich auch der September wenig von dem Höchstwert. Es handelt sich somit um einen Sonderfall, dessen Realität eigens geprüft werden muß. Für diese Untersuchung habe ich das durchweg ausgewertete Mittel bis 1920 von über fünfzig Jahren mit den um je zehn Jahre kürzeren Reihen, wie es Tafel Ia zeigt, verglichen. Die Betrachtung der einzelnen Kurven ergibt für Station 69 die völlige Bestätigung aller angeführten Eigenschaften. Doch bei dem zweiten Diagramm (68) wechselt der Eintritt des Maximums zwischen Juli und September, und an Stelle des absoluten Höchstwertes im August tritt sogar ein relatives Minimum. Außerdem erkennen wir aber die übereinstimmend große Breite der Kurvengestalt, die geringe Zunahme der Regenmenge vom Juni zum Juli und ferner den hohen Septemberwert. Durch die Feststellung dieser letzten Momente zeigt sich recht klar die gleichmäßige Verlagerung dieser Kurven auf den Spätsommer, die in erster

Tafel I^a

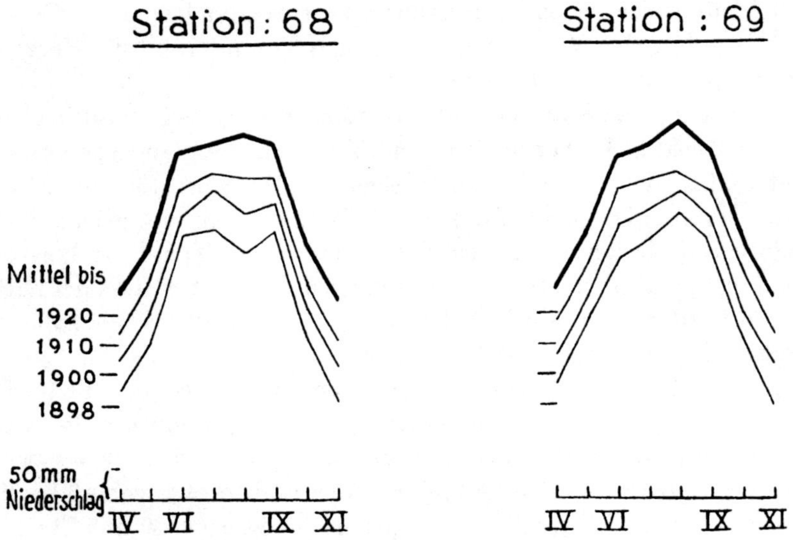

Linie auch die Zusammenfassung aller Stationen (60—69) zum dritten Teilregionaltyp bestimmt hat. Denn auch die Übereinstimmung der übrigen Kurvenbilder 60—67 ist nicht so sehr groß: es variiert die Form der Spitze infolge verschieden hoher Sommerwerte. So besteht in den Kurven 61 bis 64 nur eine geringe Differenz zwischen Juli und August, wie es auch das Mittel der Regionaltyp zeigt. Daneben treten aber in anderen Stationen kleine Abweichungen von dem Augustmaximum ein, wie zum Beispiel in Station 65 die Julimenge etwas größer als die des Monats August ist. Kurve 66 zeigt sogar eine geringe Einknickung in diesem Monat. Im Juli und September werden dann die maximalen Werte erreicht.

Diese Unterschiede erklären sich aus der Lage dieser Teilregion 1c. Die Stationen 60—67 sind auf einen schmalen Grenzstreifen ausgebreitet, der von dem Tiefland Bengalens zu dem Gangesmittellauf und dem Bergland von Orissa überleitet.

d) Teilregionaltyp des Mahanadideltas.

(Kurve 1d)

Eine Sonderstellung nimmt diese letzte Gruppe ein, die nur zwei Stationen 70 und 71 bilden. Die Diagramme zeigen eine wesentlich stärkere Betonung des Augustmaximums und eine besonders ausgeprägte Verlagerung der ganzen Regenperiode gegen den Herbst hin, weil die Trockenzeit im November gemildert ist: Es entfallen 4,7% statt 1,2% auf diesen Monat. Dagegen ist sie im Mai durch die Abnahme des Niederschlags verschärft. Nur 6% gegenüber 8—9% sind zu verzeichnen.

Die Diagramme weisen einen konvexen Anstieg zum Maximum, dagegen eine konkave Krümmung im Herbst auf und stellen mit dieser Formung die Umkehrung zu dem Teilregionaltyp des Gangesdeltas (1a) dar. Die Station 70 liegt an der Mündung der Mahanadi, 71 an der Wurzel des Deltas. Die stärkere Betonung des Oktobers in diesem Gebiet möchte ich aus der südlicheren, vorgeschobenen Lage der Stationen erklären. An diesem Küstenabschnitt ist der Einfluß des kenternden Sommermonsuns und der Zyklonen besonders groß. — Die beiden Diagramme leiten durch die Verlagerung der Regenperiode auf den Spätherbst schon zu dem Regionaltyp der Nordkoromandelküste über, wo wir die Herbst- und Sommerregen in extremer Ausprägung noch zu verfolgen haben werden.

2. Regionaltyp des Brahmaputratales und Vorlandes der Khasiberge.

(Tafel II, Kurve 2)

Eine Veränderung in der Länge der Regenperiode ist das wesentlich unterscheidende Merkmal des zweiten Regionaltyps. Sie bedeutet eine Verkürzung der Trockenzeit um zwei Monate und Ausdehnung der stärkeren Niederschläge auf fast zwei Drittel des Jahres: von März bis Oktober. Auf diese ganze Niederschlagsperiode verteilen sich 95% der Gesamtmenge, davon entfallen nur 66% auf Juni bis September. Dafür erhalten Frühling und Herbst einen größeren Prozentsatz, wie schon die 9% von April und Mai erkennen lassen. Damit hat der Sommerregen im Vergleich zur ersten Region um 8% abgenommen, und der Niederschlag verteilt sich gleichmäßig auf eine längere Periode. Das Maximum liegt im Juni, und wie im ersten Typ fallen fast 19% der Gesamtmenge in diesen Monat. Das Minimum im Dezember mit weniger als 1% unterscheidet sich wesentlich davon.

Die Stationen 16—35 liegen im Brahmaputratal und im südlichen Vorland der Khasiberge und verteilen sich damit auf eine halbkreisförmige Zone um diese Gebirgsbarriere.

Tafel II

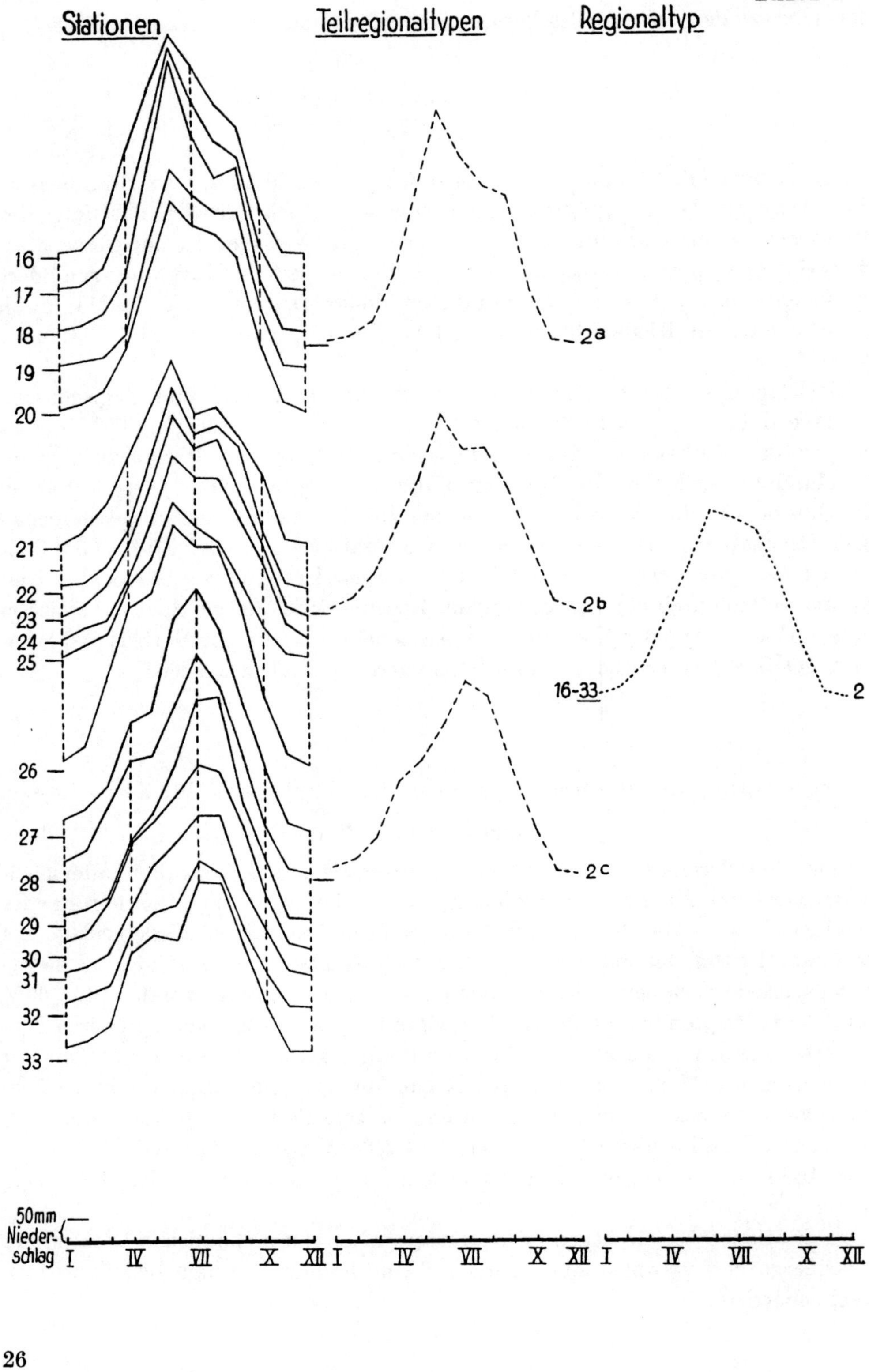
Stationen
Teilregionaltypen
Regionaltyp
16
17
18
19
20
2a
21
22
23
24
25
26
2b
16-33
2
27
28
29
30
31
32
33
2c
50mm
Nieder-
schlag
I
IV
VII
X
XII
I
IV
VII
X
XII
I
IV
VII
X
XII

Schon im Teilregionaltyp des Gangesdeltas betonte ich den Einfluß, den dieses Hindernis auf die von Süden einströmenden Luftmassen ausübte. Wie ein Vergleich der von Kurve 2 umschriebenen Fläche mit der von Kurve 1 sofort zeigt, sind die Faktoren hier verschärft wirksam. Durch den Stau der Luftmassen vor den Khasibergen und vor allem in dem „Sack von Assam"[1]) erfolgt geradezu ein Beschütten der Gebiete mit Regen. Daneben „kann es keine Frage sein, daß in dem Brahmaputratal die Quelle der Feuchtigkeit hauptsächlich lokal ist, und für jeden, der die Provinz bereist hat und die breiten Flußkanäle, die weit ausgedehnten Sümpfe und dunklen Wälder der höheren Gebiete gesehen hat, ist dies keine Überraschung."[2]) Diese Verhältnisse begünstigen wie im Gangesdelta die Länge der Regenzeit. — Die Aufteilung dieses Gebietes in Teilregionen erfolgt nach ähnlichen Gesichtspunkten wie im ersten Fall, doch ist hier neben der Verlagerung der Kurvenspitze besonders das Auftreten ganz bestimmter sekundärer Maxima maßgebend. In dem Regionaltyp sind diese Abweichungen von dem stetigen An- und Abschwellen nicht zu erkennen, durch die Mittelbildung haben sich alle Absätze gerade aufgehoben.

a) Teilregionaltyp des nord- und südwestlichen Vorlandes der Khasiberge. (Kurve 2a)

Der erste Teilregionaltyp, den die Stationen 16—20 bilden, weicht von dem Regionaltyp hauptsächlich dadurch ab, daß der flachkonvexe Abstieg vom Junimaximum zum September durch eine ausgesprochen konkave Krümmung ersetzt ist. Die Kurvenspitze im Juni tritt deshalb besonders hervor, sie ist wesentlich markanter als das Maximum in Kurve 1a. Die Trockenzeit beginnt, übereinstimmend mit dem Regionaltyp, im November und dauert bis Februar. Ab März ist mit 50 mm Niederschlag der Anstieg zur Regenperiode angedeutet.

Die Stationen 16—20 liegen am westlichen Ausgang des Brahmaputratales und in der westlichen Zone vor den Khasibergen; damit also in der nördlichen Fortsetzung jener Teilregion des Gangesdeltas (1a).

Vergleichen wir nun die einzelnen Stationendiagramme (16—20), so erkennnen wir recht klar eine weitere Zweiteilung. Die erste Gruppe zeichnet sich durch eine höhere Spitze, die folgenden 19—20 durch eine wesentlich schwächere Ausprägung des Junimaximums aus. In der Verbindung zum Teilregionaltyp dominiert die schärfere Spitze der ersten drei Kurven und überdeckt die zweite Gruppe. Die Stationen 16—18 liegen im Brahmaputratal und unterscheiden sich von den beiden vor den Khasibergen. In dem Tal, in das der Monsun hineingepreßt wird, kommt es zur schärferen Ausprägung des Junimaximums. — Auf den Eintritt des Höchstwertes in diesem Sommermonat weist schon Blanford[3]) hin; er erklärt an den Stationen 17—20 das Junimaximum durch den besonders großen Niederschlag, wenn der Sommermonsun beim Einsetzen noch unregelmäßig am Fuß der Garo- und Khasiberge weht.[4])

[1]) N. Krebs, a. a. O., S. 25.
[2]) H. F. Blanford, a. a. O., S. 107.
[3]) H. F. Blanford, a. a. O., S. 46.
[4]) H. F. Blanford, a. a. O., S. 48.

b) Teilregionaltyp des Brahmaputramittellaufes und des südöstlichen Vorlandes der Khasiberge.

(Kurve 2b)

In der Verkürzung der konkaven Abstiegslinie vom Juni zum September um einen Monat zeigt sich die Verlagerung des Kurvenfalls auf den August. Außerdem tritt dadurch die Abschwächung der Kurvenspitze beim Übergang zu dem zweiten Teilregionaltyp ein. Die sechs Stationen 21—26, die diese Merkmale zeigen, schließen sich östlich an die erste Teilregion (2a) im Norden und Süden der Khasiberge an. Es ist erstaunlich, daß hier die Trennung des Gebietes durch das Gebirge keine Veränderungen im Jahresgang der Niederschläge zur Folge hat und wir vielmehr in gleicher geographischer Länge diese ausgedehnte Regenperiode finden.

Der Vergleich der einzelnen Kurven führt uns dann die wechselnde Höhe von Juli- und Augustwert vor Augen: zeigen doch die Stationen 21—23 eine geringe Zunahme zum Spätsommer, wodurch 24 und 26 durch den gleichen Betrag in den beiden Sommermonaten von den ersten zu unterscheiden sind. In der Mittelung zum Teilregionaltyp gleichen sich diese Unterschiede natürlich aus. Die Größe der Kurvenspitze, die Heraushebung des Juni von den anschließenden Monaten verändert sich in den Diagrammen, aber eine stärker ausgeprägte Spitze ist stets mit einem geringen Anstieg zum sekundären Maximum im August verbunden. Diese Abweichungen lassen sich nicht im einzelnen aus den Landschaftsgrundlagen ableiten, vielmehr möchte ich darin trotz aller Strenge in der Untersuchungsweise zufällige Ergebnisse der Mittelbildung erkennen. Es läßt sich aber daran feststellen, daß die Kurven stärker variieren und damit das ganze Brahmaputratal nicht durch eine einheitliche Linienführung, vielmehr durch eine größere Mannigfaltigkeit zu charakterisieren ist.

Die beiden letzten Diagramme dieses Teilregionaltyps: 25 und 26 lassen einen Absatz im Frühling erkennen, der sich in den Kurven der nächsten Gruppe von Stationen noch klarer zeigen wird. Danach leiten sie schon dahin über. Ich habe sie dennoch davon abgetrennt und dafür den Eintritt des absoluten Maximums im Juli entscheidend sein lassen.

c) Teilregionaltyp des Brahmaputraoberlaufes.

(Kurve 2c)

Die Betrachtung des dritten Kurvenbildes (2c) zeigt uns durch eine klare Verlagerung des Höchstwertes auf den Juli, ferner das Verschwinden des relativen Maximums im Herbst, aber das Auftreten eines Absatzes im April stärkere Veränderungen als die beiden vorstehend untersuchten Diagramme 2a und 2b. Außerdem charakterisiert noch die geringe Differenz zwischen Juli- und Augustwert fast sämtlich die Stationen 27—33. Die Dauer der Trockenzeit ist in diesem Gebiet verkürzt, denn im Februar fällt fast 50 mm Niederschlag, ein Betrag, der im ersten Regionaltyp (Kurve 1) erst im März erreicht wird.

Alle Stationen 27—33, die diesen Jahresgang der Niederschläge zeigen, liegen in dem östlichen Teil der zweiten Region, am Oberlauf des Brahmaputra. Auch in diesem Talabschnitt fällt sofort die Verschiedenartigkeit der Kurvenbilder ins Auge. Dies zeigt sich besonders, wenn wir die Höhe des Juli- und Augustregens im einzelnen vergleichen. Es unterscheiden sich dadurch die Diagramme 31 und 33, mit gleichgroßen Werten in beiden Monaten, von den Kurvenbildern 27, 28, 32, die durch einen überwiegenden Julibetrag ein Absinken der Kurve im Spätherbst erkennen lassen, und schließlich von einer letzten Station 29, die durch höheren Augustregen eine kleine Sonderstellung einnimmt.

Ferner bemerken wir durchweg die Ausbildung eines Absatzes im Frühling, der durch eine mehr oder weniger stark ausgeprägte Stufe hervorgehoben wird. Im einzelnen ist sie in den Diagrammen 29—31 nur leicht angedeutet, dann in 27 und 28 schon etwas stärker und endlich in den Kurven 32, 33 unter Einbeziehung des Mai und Juni extrem ausgebildet. Läßt sich auch diese verschiedene Form der Stufen nicht im einzelnen erklären, so zeigt doch ihr ständiges Auftreten durchweg die Abnahme der Mai- und Juniregen in dem östlichen Brahmaputratal, und damit außerdem die Verzögerung in dem Eintritt des maximalen Wertes. Diese Veränderungen lassen sich möglicherweise durch die Lage der Stationen am Oberlauf des Brahmaputra und damit auf der Leeseite des Khasi- und Patkoigebirges erklären, denn diese beiden Tatsachen bewirken, daß erst nach weiterem Fortschreiten der Jahreszeit — nicht schon beim Einsetzen des Monsuns im Juni — die Hauptregenmenge fällt.

Tafel II/III

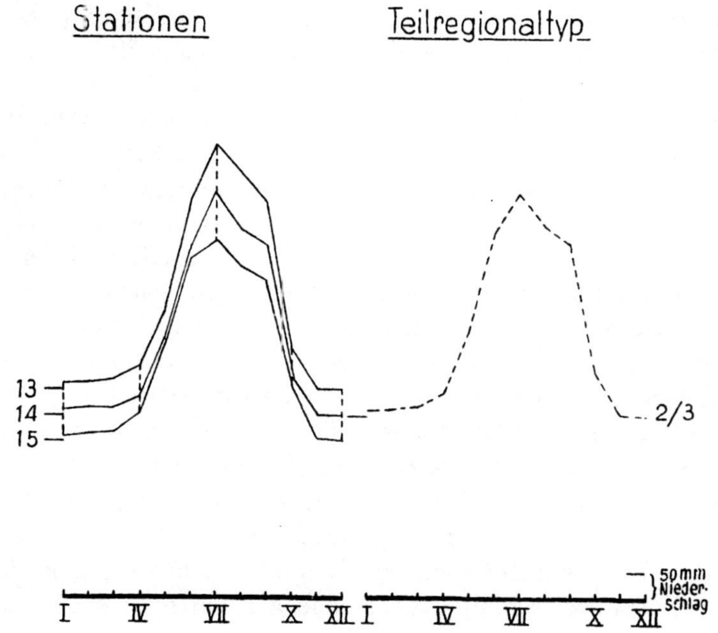

2/3. Übergangs-Teilregionaltyp des östlichen Himalajavorlandes.

(Tafel II/III, Kurve 2/3)

Wir werden nun den Teilregionaltyp 2/3 zu betrachten haben, der infolge seines Übergangscharakters zu keiner Region hinzugerechnet werden konnte. Da dieser Einteilung nur drei Stationen 13—15 zugrunde liegen, habe ich davon abgesehen, dieses Gebiet als eine „Region“ zu bezeichnen. Die drei Diagramme leiten von dem Tiefland West-Bengalens zu den Höhenstationen des Himalaja über. Dies zeigt sich ganz besonders an der Höhe der Sommerwerte. Sie bilden darin ein Zwischenglied und stellen die Verbindung her von den flachen kuppigen Kurvenbildern West-Bengalens (1b) zu der hochaufragenden, langgestreckten Gestalt der Höhenstationendiagramme des Himalaja. Übereinstimmend mit der Kurve 1b ist die Ausdehnung der Trockenzeit über sechs Monate von November bis April. Ferner zeigt sich keine Verschiebung in dem Eintritt des absoluten Maximums bei beiden Diagrammen. Die Zwischenstellung aber ist begründet durch die Lage dieser Teilregion (2/3) nördlich von West-Bengalen und damit in dem östlichen Teil des Himalaja-Vorlandes. Diese größere Annäherung an die Gebirgsbarriere erklärt die stärkeren Regenfälle von Juni bis September durch den Stau und Anstieg der Luftmassen vor dem mächtigen Hindernis.

3. Regionaltyp der Höhenstationen der Khasiberge und des Ost-Himalaja.

(Tafel IIIa, b, Kurve 3)

Die Ausweitung der Diagramme nach oben zu langgestreckten Kurvenbildern (hohen Sommerwerten), die in dem Vorlandsteilregionaltyp angedeutet war, ist extrem in den Stationen 1—12 ausgeprägt, die danach zu einem weiteren Regionaltyp zusammengefügt seien. Er kennzeichnet die Höhengebiete und unterscheidet durch den um 11% größeren Anteil der Sommerniederschläge diese Regionen von allen Tieflandsgebieten. Der Winter, schon von November ab, ist fast regenlos; im Februar nehmen die Niederschläge langsam bis zum April zu, dann aber führt ein sehr steiler, großer Anstieg ab April zum Höchstwert des Juli, von dem die anschließenden Monate Juni und August um höchstens 3% abweichen. Diesen Niederschlagstyp finden wir einerseits in den Khasibergen einschließlich ihrer westlichen Ausläufer, der Garoberge, andererseits auch in den östlichen Teilen des Himalaja. Beide Gebirgsbarrieren verlaufen in ostwestlicher Richtung und zwingen die von Süden anströmenden Luftmassen, die sich vor dem Gebirgshindernis stauen, zum Aufstieg, so daß Kondensation und Niederschlag erfolgt. Diese Gebirgszüge unterscheiden sich aber durch ihre Höhe: die Khasiberge (2000 m) bilden hierbei eine Vorstufe zu dem Gebirgswall des Himalaja. Da es sich um „ein mächtiges, bis zur mittleren Kammhöhe des Himalayas hinaufreichendes stationäres, zyklonales Störungssystem“[1]) handelt und die Luftmassen, die auf

---

[1]) A. Wagner, Zur Aerologie des indischen Monsuns, S. 215.

Tafel III[a]

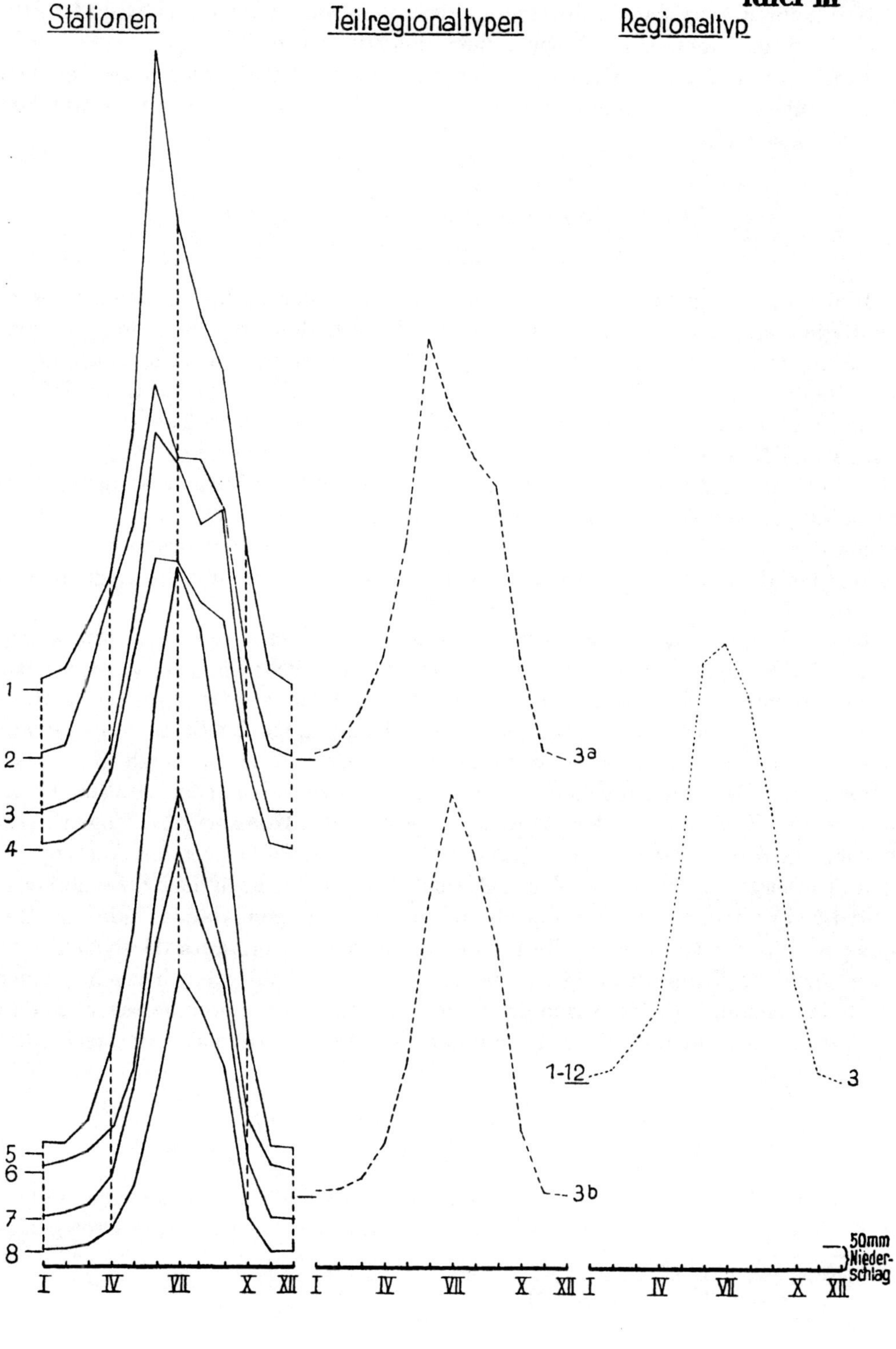
Stationen
Teilregionaltypen
Regionaltyp
1
2
3
4
5
6
7
8
3a
3b
1-12
3
50mm Nieder-schlag
I
IV
VII
X
XII

die Küste von Bengalen auftreffen, eine hohe relative Feuchtigkeit von mehr als 80% (Calcutta)[1]) aufweisen, die beim Überstreichen dieser „Fortsetzung der See"[2]) keine wesentliche Erniedrigung erleidet, kommt es beim plötzlichen Aufprallen auf die Gebirge zu diesen hohen Regenbeträgen.

Man kann nun diese Region wieder untergliedern mit etwas verschiedenen Kurvenbildern. Als Teilregionen ergeben sich: die Garoberge, der Ost-Himalaja und die Khasiberge.

a) Teilregionaltyp der Garoberge und ihres Vorlandes.

(Kurve 3a)

In den Garobergen und ihrem Vorland zeigt ein steiler, stetiger Anstieg zur ausgeprägten Kurvenspitze die besonders rasche Zunahme der Regenmenge vom Februar bis zum Extrem im Juni. Langsamer verringert sich der Niederschlag bis zum September und fällt dann zum Winter ähnlich steil wie er anstieg, so daß die Spätherbstmonate große Unterschiede erkennen lassen. Diese Züge des Jahresganges der Niederschläge der Stationen 1—4, vor allem die Zuspitzung im Juni, sind in der Zusammenfassung zur „Region" verdeckt. Außerdem ist dieser Teilregionaltyp noch durch eine breitere Basis ausgezeichnet: im Februar beginnt schon der steile Anstieg zum Sommermaximum. Der Eintritt des Höchstwertes erfolgt bei allen vier Kurven im Juni. Von dem Maximum nimmt die Regenmenge bis zum September nur langsam ab.

In der Ausprägung der Sommermonate und vor allem in der absoluten Menge weichen alle vier Einzeldiagramme (1—4) voneinander mehr ab, als das sonst in der Zusammenfassung zur Teilregion der Fall ist, so daß dadurch weitere Fragen aufgeworfen werden. Die recht verschiedene Lage der Stationen 1—4 auf den Garobergen und am Anstieg des Himalajas wird durch die ungleiche Exposition gegen die regenbringenden Winde hierfür entscheidend sein: Station 1 und 3 liegen im Tiefland vor dem Himalaja westlich der Khasiberge, 4 dagegen im westlichen Teil der Garoberge, während 2 (Sylhet) im Südwesten am Anstieg vor den Garobergen, 250 km vom Meer entfernt, aber erst 7 m hoch liegt.[3]) Bemerkenswert ist vor allem der Eintritt des Maximums im Juni, denn damit findet das Regime sowohl der Gangesdelta-Teilregion als auch des Vorlandes der Khasiberge eine nördliche Fortsetzung bis in die Höhengebiete. Außerdem herrscht in der Vorlandszone und Gebirgsregion der Garoberge stärkerer Septemberregen, so daß auch darin sich diese nördliche Zone nicht von südlicher liegenden unterscheidet.

b) Teilregionaltyp des Ost-Himalaja.

(Kurve 3b)

Der Eintritt des absoluten Maximums im Juli statt im Juni ist hier die Hauptveränderung, wie sie sich im Jahresgang der Stationen 5—8 zeigt, die vor bezie-

[1]) N. Krebs, a. a. O., S. 30.

[2]) G. Simpson, The South-West Monsoon; S. 157.

[3]) N. Krebs, a. a. O., S. 261.

Tafel IIIb

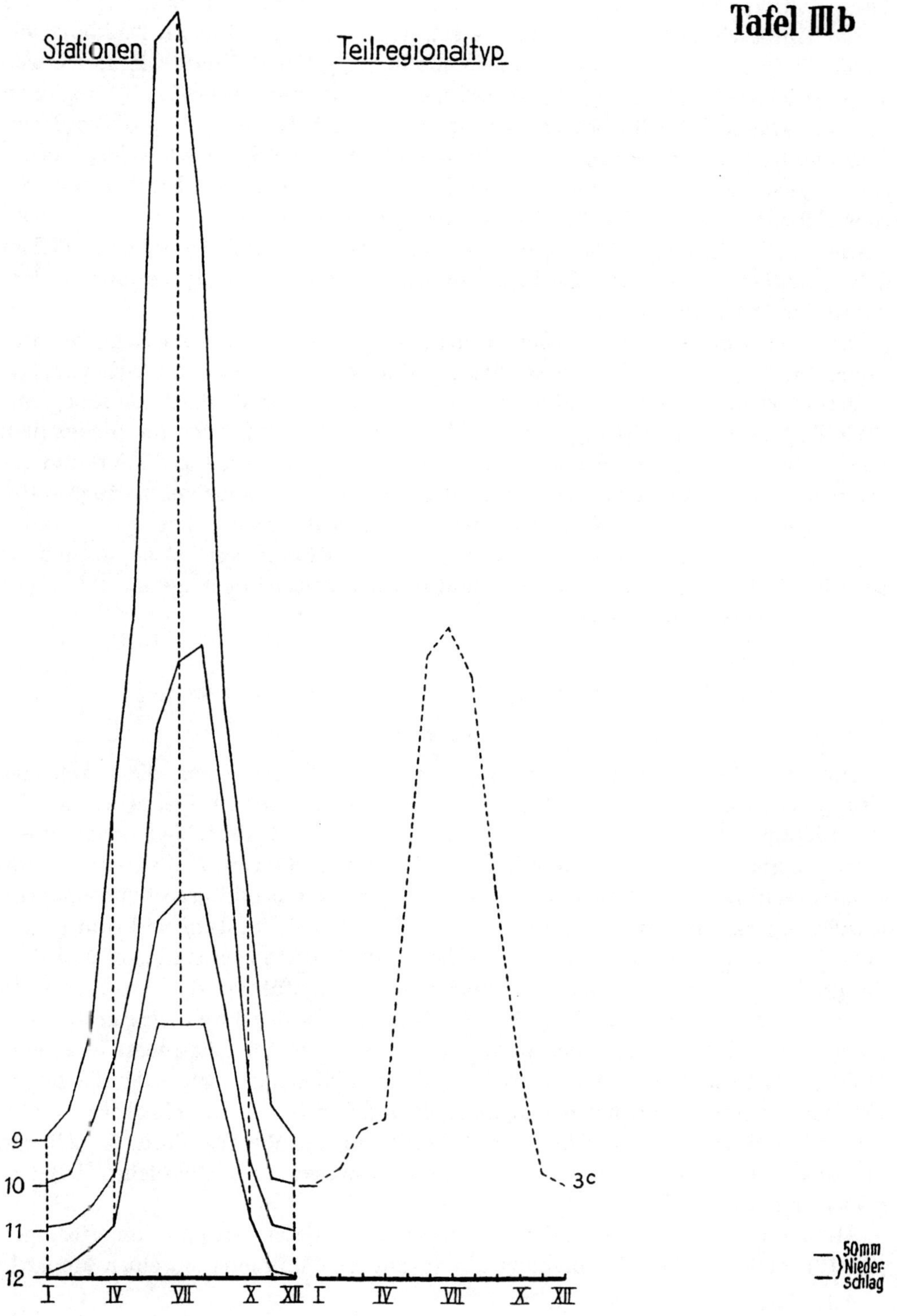
Stationen
Teilregionaltyp
9
10
11
12
I
IV
VII
X
XII
I
IV
VII
X
XII
3c
50mm
Nieder-
schlag

hungsweise am Anstieg des Ost-Himalajas in der nördlichen Verlängerung der Teilregion von West-Bengalen (1b) zwischen 88° und 90° östl. Länge liegen. So steht denn auch dieV erschiebung des Maximums auf den Juli im Einklang mit jenem Tieflandsgebiet (1b) und erklärt sich in der gleichen Weise wie dort durch die westlichere Lage dieser Zone. Diese Übereinstimmung in beiden Teilregionen ist recht klar auf der Karte der „Monate maximalen Niederschlags in Vorderindien und Ceylon“ zu verfolgen. Zunahme und Abflauen der Niederschläge erfolgen in gleicher Weise. Die Dauer der Trockenzeit von November bis März ist einen Monat länger als in dem Teilregionaltyp der Garoberge (3a).

Die vier Stationen (5—8) stimmen untereinander recht gut überein und weichen daher, abgesehen von der absoluten Menge der Niederschläge, kaum von dem daraus konstruierten Mittel ab.

Die verschiedene Höhe der Niederschläge kann zum Teil aus der Lage der Stationen im Gebirge erklärt werden. Station 5 liegt am weitesten im östlichen Teil in 300—600 m Höhe und erhält die größte Menge. Dies steht im Einklang mit einer Feststellung von Hill[1]), der die Abnahme der Regenmenge im allgemeinen von Osten nach Westen angeben konnte. Ferner mag sich im Anschluß daran zusammen mit der Tatsache, daß Vorlandsstationen im allgemeinen geringere Regenmengen erhalten als Höhenstationen, die gleiche Kurvenhöhe von 6 und 7 erklären: die beiden Gegebenheiten müssen sich hier die Waage halten, da sich die östliche Vorlandslage von Station 6 und die westliche Höhenlage in 900 m von Station 7 gerade ausgleichen.

c) Teilregionaltyp der Höhenstationen der Khasiberge.

(Kurve 3c)

Die letzte Teilregion innerhalb dieser östlichen Höhenregion, die durch eine Gruppe von vier Stationen (9—12) gebildet wird, ist auf die Khasiberge beschränkt. Beim Vergleich der einzelnen Kurvenbilder tritt der Unterschied in der absoluten Menge der Sommerniederschläge in besonders starkem Maße hervor, denn er ist wesentlich größer als in allen bisher betrachteten und getroffenen Zusammenfassungen. Station 9 erhält 4000 mm Niederschlag im Juni und Juli gegenüber 1100 mm in Station 12. Diese erheblichen Differenzen sind vor allem auf die große Höhe des erstgenannten Betrages zurückzuführen, der der höchste in unserem ganzen Untersuchungsgebiet ist. Station 9 ist der durch seine großen Regenmengen bekannte Ort Cherrapunji, der an der Stirn der Khasiberge in 1400 m Höhe liegt. Es kommt hier zu diesen ungeheuren Niederschlägen, weil die feuchten Luftmassen, die über den Bengalengolf und das Gangestal mit großer Windgeschwindigkeit wehen, auf die fast senkrecht aufragende Wand der Khasiberge aufstoßen und durch die nachdrängenden Luftmassen zum plötzlichen Aufstieg gezwungen werden.[2])

Als ein weiteres unterscheidendes Merkmal in dieser Gruppe von Stationen (9—12) zeigt sich die Verschiebung des absoluten Maximums um einen Monat in

[1]) J. Hann, a. a. O., S. 220.

[2]) G. Simpson, a. a. O., S. 157.

Station 9. Es fehlt damit der geringe Weiteranstieg zum August, der die Stationen 10 bis 12 auszeichnet. Der besonders hohe Juliwert von Station 9 dominiert sogar so stark, daß das Augustmaximum der übrigen Kurven in der Verbindung zum Teilregionaltyp verdeckt wird.

Bei der Zusammenfassung der Stationen 9—12 zu einer Teilregion trotz der angeführten Unterschiede habe ich vor allem den großen Gegensatz zu dem Jahresgang der anderen Höhenstationen dieses Regionaltyps leitend sein lassen. Denn an Stelle der scharfen Kurvenspitze tritt hier durchweg die geringe Differenz der drei Sommermonate. Sie zeigt sich ganz besonders in dem kurzen Anstieg von Juni zum Juli. Aber auch Juli und August unterscheiden sich um höchstens 4% voneinander, so daß danach, abgesehen von dem Eintritt des absoluten Maximums, hier ebenfalls keine erheblichen Differenzen vorliegen.

4. Regionaltyp des Gangesmittellaufes.

(Tafel IVa, b, Kurve 4)

Nach der geographischen Lage folgt nun die Betrachtung der 4. Niederschlagsregion, die von dem vorangehenden Höhenstationentyp (3) durch die große Abnahme in der absoluten Menge sehr erheblich abweicht. Im Vergleich zur Gangesdelta-Region (1) stellen wir eine bedeutende Verkürzung der sommerlichen Regenzeit fest; denn hier sind an Stelle der sieben Monate andauernden Niederschlagsperiode nur von Mai bis September Regenfälle verzeichnet. Die übrigen Monate sind ziemlich regenarm, da schon 82% der Gesamtmenge auf den Sommer entfallen. Diese Verlängerung der Trockenzeit erstreckt sich besonders auf den Frühling, während nach der Hauptniederschlagsperiode nur im Oktober eine stärkere Abnahme der Regenhöhe zu beobachten ist. Weitere Merkmale dieser Kurve 4 sind das gleichmäßig starke An- und Abschwellen der Regenfälle und dann die Verteilung der maximalen Beträge auf die zwei Sommermonate Juli und August.

Alle diese wesentlichen Züge zeigt die große Anzahl von 59 Stationen (72—131), aus denen Kurve 4 ermittelt wurde, trotz der unterschiedlichen Länge ihrer Beobachtungsperiode und ihrer Verteilung auf ein großes Gebiet, das Tiefland um den Gangesmittellauf, in bemerkenswert guter Übereinstimmung. Diese Niederschlagsregion (4), die im Westen an jene Teilregion 1c anschließt, wird im Südwesten vorwiegend durch die 185 m Isohypse und im Norden durch das Vorland des Himalaja begrenzt. — Die Verkürzung der Regenperiode in dieser 4. Niederschlagsregion läßt sich durch die westliche Lage der Stationen am Mittellauf des Ganges nach der Einbiegung in die Ost-West-Richtung erklären: im Frühling fehlt hier der Einfluß der Seewinde, so daß erst, wenn der Sommermonsun dieses Tiefland erreicht, stärkere Niederschläge zu verzeichnen sind.

a) Teilregionaltyp des südöstlichen Gangestales.

(Kurve 4a)

Eine Gruppe von dreiundzwanzig Stationen (104—126) unterscheidet sich von Kurve 4 durch eine schwache Überbetonung des August und eine langsame Abnahme der Regenmenge bis zum September. Sie sind danach zu dem ersten Teil-

Tafel IVa

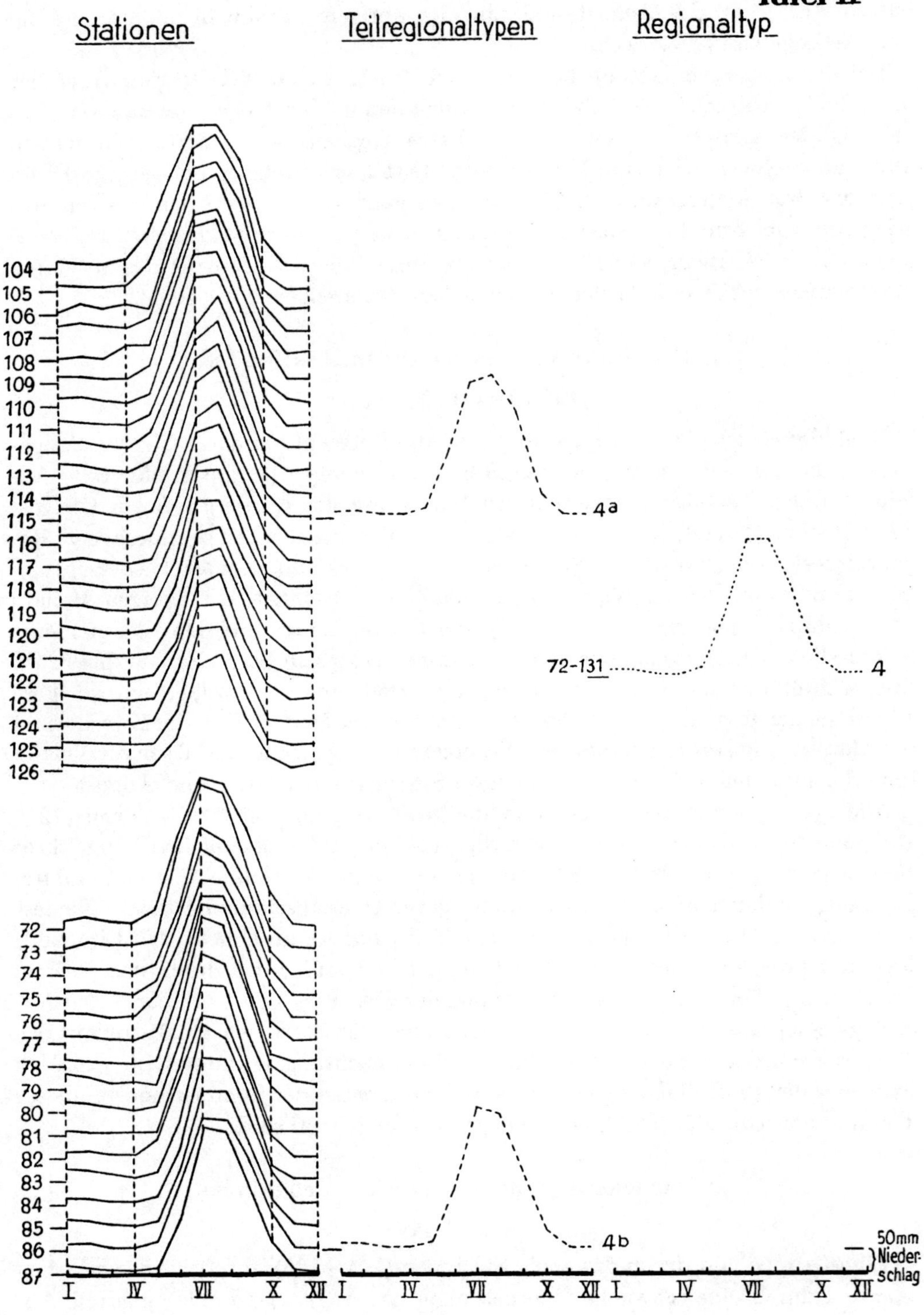
Stationen
Teilregionaltypen
Regionaltyp
104
105
106
107
108
109
110
111
112
113
114
115
116
117
118
119
120
121
122
123
124
125
126
72
73
74
75
76
77
78
79
80
81
82
83
84
85
86
87
4a
4b
72-131
4
50mm
Nieder-
schlag
I
IV
VII
X
XII

regionaltyp (4a) zusammengefaßt worden. Diese Diagramme sind durch außerordentlich gleichmäßigen Verlauf ausgezeichnet. Es werden keine charakteristischen Züge im Jahresgang der Niederschläge durch die Mittelbildung aufgehoben. Daneben zeigt uns aber der Vergleich der einzelnen Kurvenbilder in der Reihenfolge von 104—126 ganz langsame und sehr geringe Veränderungen: zunächst erkennen wir eine Verkürzung der Regenperiode, da Juni und September in den letzten Stationen dieser Gruppe geringere Niederschläge erhalten als die ersten. Mit dieser Verminderung in der Breite der Kurvengestalt ist außerdem eine Abnahme in der Höhe der Sommerwerte verbunden, die aber höchstens 50 mm beträgt. Schließlich fällt noch die anfangs betonte schwache Heraushebung des September in den Kurven 113—126 fort. Damit erfolgt die Abnahme der Niederschläge in der gleichen Weise wie die Zunahme.

Alle Stationen (104—126) mit diesen Merkmalen schließen westlich an jene Teilregion 1c an. Auf der Karte der „Monate maximalen Niederschlags in Vorderindien und Ceylon" ist besonders klar zu erkennen, daß sich der Eintritt des Höchstwertes nicht beim Übergang nach Westen verschiebt. Die Mehrzahl dieser Stationen ist auf die verschieden breite Zone im Osten verteilt. Im übrigen beherrscht dieser Teilregionaltyp (4a) jedoch keinen geschlossenen Raum, da einige Stationen am Nordrand der 4. Region ebenfalls diesen Jahresgang der Niederschläge zeigen. Das Fehlen einer scharfen Grenzlinie ist auf diese schwach ausgeprägten Merkmale zurückzuführen, denn der August übertrifft in diesem Niederschlagstyp nur um 2% den Juli. Die beobachtete allmähliche Verkürzung der Regenperiode und die Abnahme der Sommerwerte geschieht derart, daß die breiten und hohen Kurvenbilder den Osten kennzeichnen und die zunehmend schmaler werdenden von dort nach Westen durch die Region 4 ziehen. Diese Veränderung war innerhalb der ersten Niederschlagsregion des Gangesdeltas schon zu verfolgen, und nun bildet Region 4 noch ein weiteres Glied in der Abstufung nach Westen.

b) Teilregionaltyp des nördlichen und südwestlichen Gangestieflandes.

(Kurve 4b)

Für die Aufstellung dieses zweiten Teilregionaltyps (4b) ist nur eine leichte Verlagerung des absoluten Maximums auf den Juli entscheidend, denn in allen übrigen Merkmalen, wie der Dauer der Regenzeit, der Höhe der Kurven, dem gleichmäßigen An- und Abschwellen der Niederschläge, müssen wir die völlige Übereinstimmung mit dem ersten Teilregionaltyp feststellen. Außerdem können wir wieder die langsame Abnahme der Breite und Höhe dieser Kurvengestalt in der Reihenfolge von 72—103 und somit ebenfalls innerhalb dieser Teilregion von Osten nach Westen konstatieren. Diese Stationen (72—103) sind auf eine halbkreisförmige Zone ausgebreitet, die sich im Nord- und Südwesten um jene erste Teilregion (4a) legt.

Tafel IVb

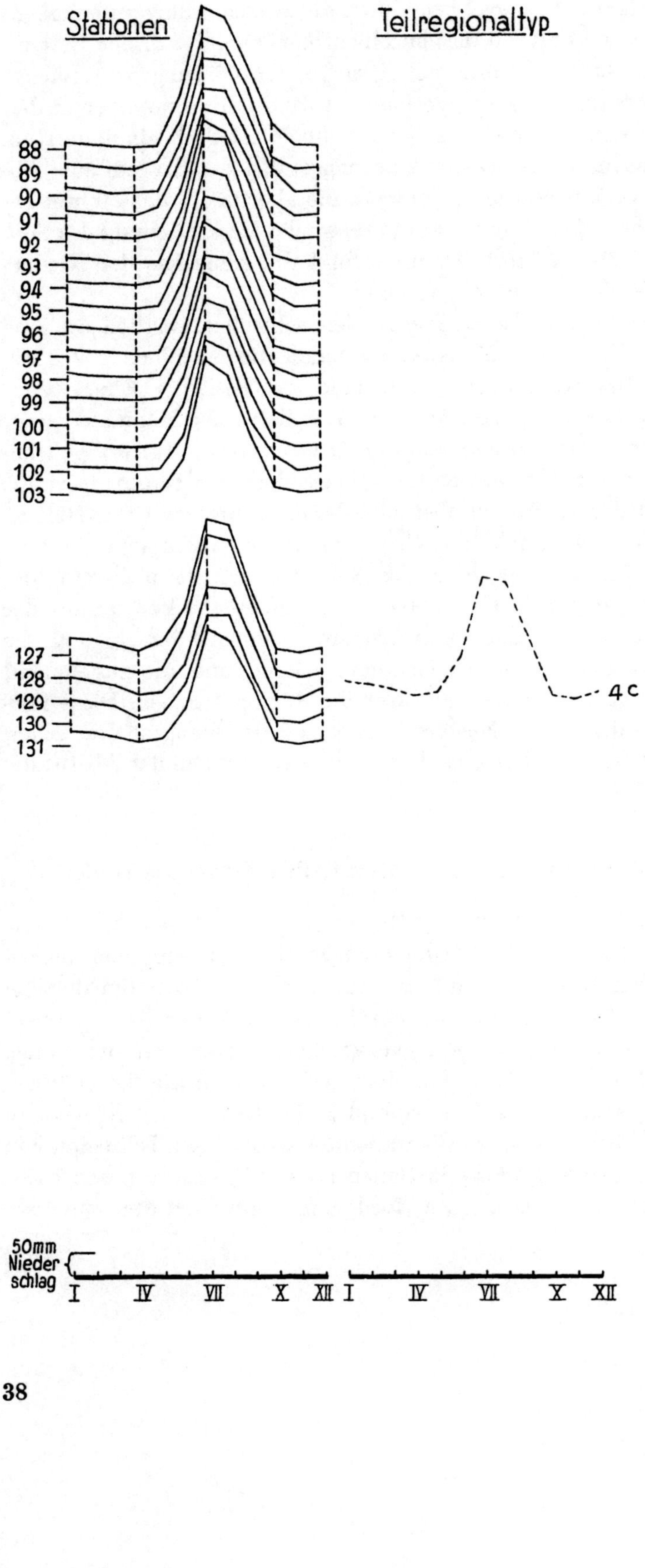

Stationen
Teilregionaltyp
88
89
90
91
92
93
94
95
96
97
98
99
100
101
102
103
127
128
129
130
131
4c
50mm Niederschlag
I
IV
VII
X
XII
I
IV
VII
X
XII

c) Teilregionaltyp des nordwestlichen Gangestieflandes.

(Kurve 4c)

Nicht eine noch weitere Verlagerung des absoluten Höchstwertes bestimmt die Sonderstellung der Stationen 127—131, sie beruht vielmehr auf dem Auftreten eines sekundären Maximums im Januar. Diese erneute Zunahme der Niederschlagsmenge ist sehr gering. Es verteilen sich nur 10% des Gesamtbetrages auf diese Regenzeit von Januar bis März.

Alle Stationen 127 bis 131 mit diesen Merkmalen liegen im nordwestlichen Zipfel der 4. Region und in geringer Entfernung vom Himalajavorland zwischen 76° und 79° östlicher Länge. Dies ist die erste Teilregion, in der Winterregen auftreten, die weiter im Nordwesten Vorderindiens zu einem hervorstechenden Merkmal im Jahresgang der Niederschläge werden. Dieser Winterregen ist auf den Einfluß von Depressionen zurückzuführen, über deren Bildung Blanford[1]) noch nichts aussagen konnte, er lehnt auch die Vermutung von F. Chambers, daß die Minima aus dem Westen kommen und vom Plateau von Belutschistan oder aus Afghanistan stammen, ab. Später gelang Gilbert T. Walker und Rai Bahadur Hem Rai[2]) und schließlich K. Knoch[3]) die Feststellung, daß wahrscheinlich der größte Teil jener Minima eine Fortsetzung von Mittelmeerdepressionen ist. Sie ziehen in der Regel in den Wintermonaten ostwärts durch Süd-Persien und im März, April, Mai durch Nord-Persien. Der Weg wechselt dabei von Jahr zu Jahr beträchtlich, ohne daß man bis jetzt die Gründe hierfür klar erkannt hätte. Die Beobachtungen in Syrien und Mesopotamien führte Knoch durch und gab damit die lückenlose Festlegung der Störungen von Osten nach Westen.[4])

5. Regionaltyp des mittleren Himalaja und des Berglandes von Gondwana und Orissa.

(Tafel Va, b, Kurve 5)

Bei der Betrachtung der Diagramme 132—153 und 202—206 fällt uns sofort der größere Anstieg zum Juli und August auf Grund durchweg höherer Sommerwerte ins Auge, während wir außerdem keine Veränderungen u. a. in der Breite der Kurvengestalt feststellen können. — Im einzelnen zeigt sich dann, daß diese langgestreckten Kurven die Tieflandsstationendiagramme um ein Drittel in der Höhe, das sind 400 mm Niederschlag im Juli und August, übertreffen. Sie unterscheiden sich außerdem durch eine noch stärkere Konzentration der Regenfälle auf die Hauptniederschlagsperiode von Juni bis September, wie uns die Zunahme der Gesamtmenge dieses Zeitabschnittes um 5% auf 87% zeigt.

Diese 25 Stationen sind keineswegs auf ein zusammenhängendes Gebiet ausgebreitet, sondern schließen sich im Norden und Südwesten an jene vorstehend

[1]) H. F. Blanford, a. a. O., S. 87.

[2]) K. Knoch, Die Herkunft der Winterregen in Nordindien; Pet. Mitt., 68. Jahrgang, Gotha 1922, S. 5.

[3]) K. Knoch, a. a. O., S. 5.

[4]) K. Knoch, a. a. O., S. 6.

Tafel Va

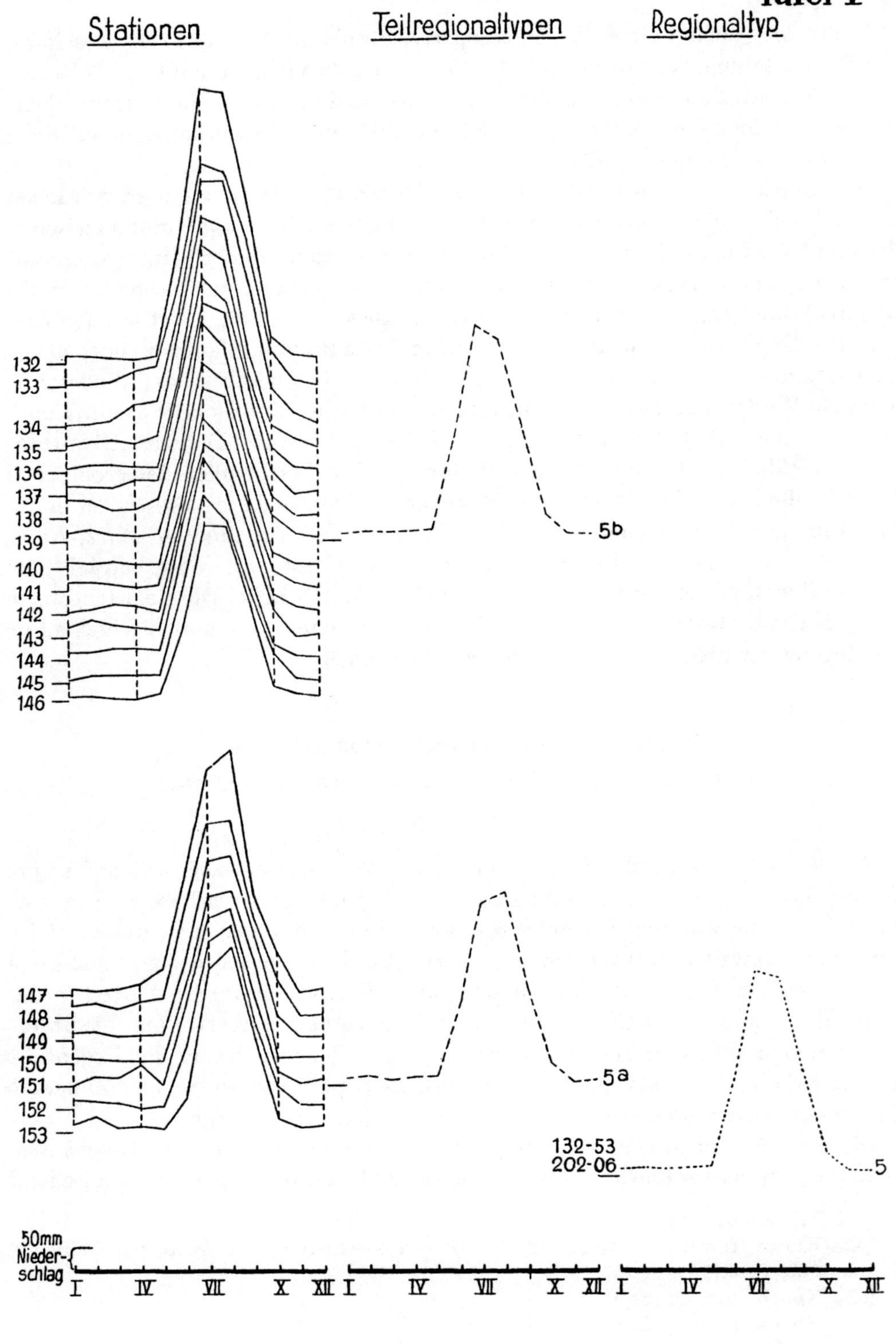
Stationen
Teilregionaltypen
Regionaltyp
132
133
134
135
136
137
138
139
140
141
142
143
144
145
146
5b
147
148
149
150
151
152
153
5a
132-53
202-06
5
50mm
Nieder-
schlag
I
IV
VII
X
XII
I
IV
VII
X
XII
I
IV
VII
X
XII

betrachtete Region 4 an. Im Südwesten liegt der größere der beiden Räume, der sich aus Tief- und Hochländern zusammensetzt und dem somit eine wenig einheitliche Oberflächengestalt eigen ist. Er reicht im Süden über die östlichen Ausläufer des Hochlandes von Bandelkhand bis an den Kamm der Ostghats und läuft dann nach Nordwesten spitz aus. Im Vorland des Himalaja ist die 300 m-Isohypse im großen und ganzen die Grenze gegen Region 4. In diesem nordöstlichen Teil des Gebiets ist die Zunahme der Regenmenge auf Steigungsregen zurückzuführen. Im Südwest-Abschnitt handelt es sich aber nur zum Teil um eine Region, die sich über das Gangestiefland erhebt.

Daran knüpft sich nun die Frage, wodurch trotz des unterschiedlich geformten Geländes dieser gleichmäßige Jahresgang der Niederschläge und solche hohen Sommerwerte entstehen. Krebs weist dazu auf die aerologischen Untersuchungen von A. Wagner und G. Simpson hin, die ergeben haben, „daß es sich hier um Aufgleitregen handelt an der Front einer stationären Zyklone, an der die feuchtwarmen Luftmassen maritimer Herkunft sich auf die trockenen, unten heißen, oben aber (wegen des großen Temperaturgradienten) recht kühlen Luftmassen kontinentaler Herkunft schieben."[1]) Es handelt sich hier wohl um einen besonders eindrucksvollen Ausschnitt aus der Zone der Innertropischen Konvergenz, wo die maritime Luft bis zu 10 km Mächtigkeit erreicht, sich aber nach NW bis auf 1 km Höhe senkt und die hohen Sommerwerte dieser Region (5) verursacht.

Eine Gliederung in Teilregionen habe ich auch bei diesen 27 Stationen (132—153 und 202—206) vorgenommen und habe nach der genauen Lage des absoluten Höchstwertes und dem Auftreten von Winterregen drei Teilregionaltypen aufgestellt, von denen der dritte (5c) nochmals unterteilt wurde in die Gruppen $5c_1$ und $5c_2$.

a) Teilregionaltyp des nördlichen Vorlandes der zentralindischen Ketten.

(Kurve 5 a)

Eine erste Teilregion (5a) ist durch das Augustmaximum gekennzeichnet. Übereinstimmend mit Region 4 ist hier die Differenz zwischen Juli- und Augustwerten mit weniger als 2% durchweg sehr gering. Besonders groß dagegen ist der Unterschied zwischen feuchten Sommermonaten und gleichbleibend regenarmem Winter und Frühling. Diese Gegensätze lassen sich an den extremen Werten von August und Dezember ermessen, unterscheiden sich diese Monate doch schon im Mittel um 400 mm Niederschlag oder 30% der Gesamtmenge voneinander.

Die Stationen 147—153, die durch diese Kennzeichen zu einer Teilregion vereint worden sind, liegen in einer schmalen, weit in ostwestlicher Richtung ausgedehnten Zone und nehmen den Nordrand dieses südlich an das Gangestiefland anschließenden Höhengebietes ein. Damit vereinigt sich diese Teilregion (5 a) mit dem Raum zwischen Gangesmittellauf und Mahanadidelta, in dem maximaler Augustregen vorherrschend ist.[2])

---

[1]) N. Krebs, a. a. O., S. 25.

[2]) Siehe Karte der „Monate maximalen Niederschlags in Vorderindien und Ceylon".

Tafel Vb

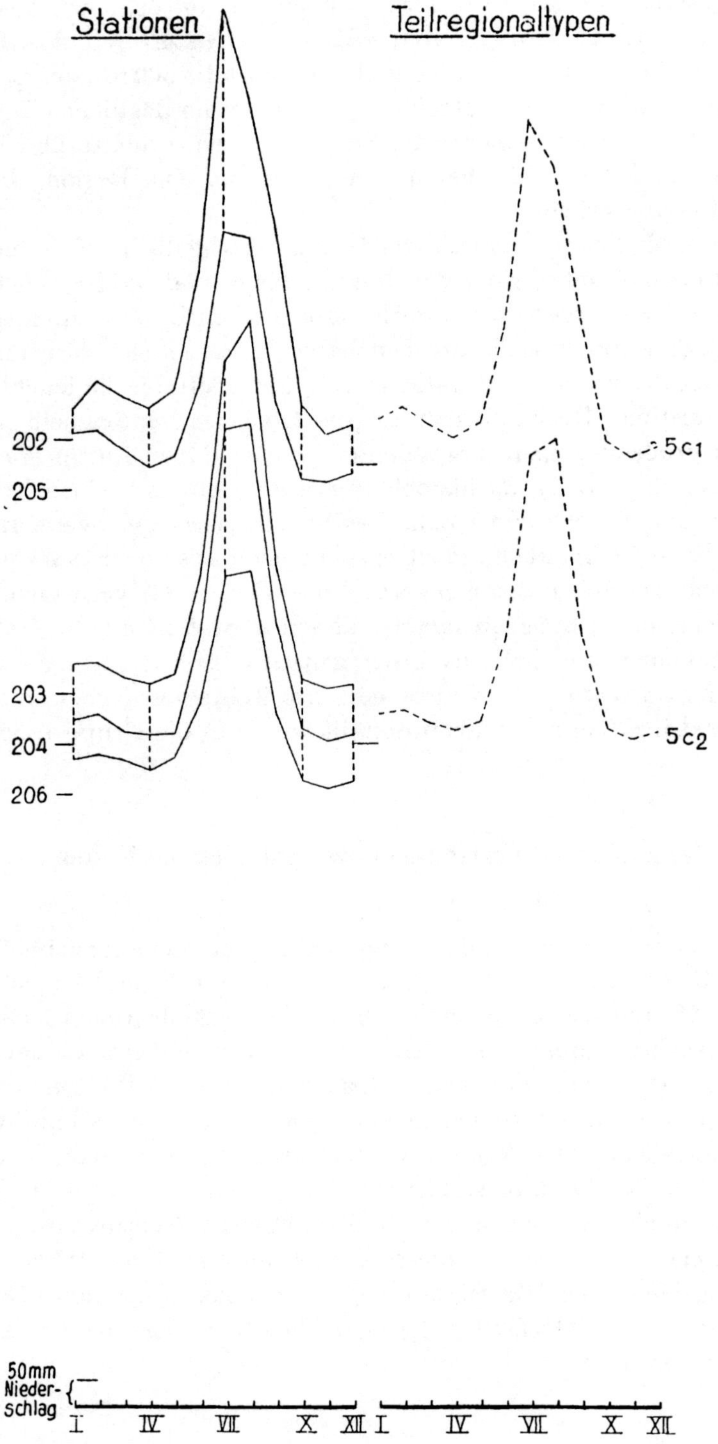

Stationen
Teilregionaltypen
202
205
203
204
206
5c1
5c2
50mm
Nieder-
schlag
I
IV
VII
X
XII
I
IV
VII
X
XII

b) Teilregionaltyp des zentralindischen Gebirges und des Godavaristromgebietes.

(Kurve 5b)

Die Untersuchung südlich von Teilregion 5a gelegenen Stationen (132—146) ergibt eine Verlagerung des absoluten Maximums auf den Juli, die damit grundlegend wird für diese zweite Teilregion (5b). Dieser Extremwert übersteigt wie im 4. Regionaltyp aber nur um 2% den dritten Sommermonat.

Diese geringen Veränderungen können wir recht übereinstimmend an allen Einzelstationen (132—146) feststellen, so daß danach diese Teilregion 5b durch eine große Gleichförmigkeit im Jahresgang der Niederschläge ausgezeichnet wird. Dieser Typ ist auf der ostwestlich verlaufenden Gebirgszone, die im Süden das Gangestiefland abschließt, vertreten und im Südosten bis zum Mahanaditiefland zu finden. Von diesem 600 bis 900 m hohen Bergland erhält der Südostabhang noch etwas bevorzugt Niederschlag, weil feuchte Luftmassen durch das Mahanadital, einer Stelle, an der die schirmende Wirkung der Ostghats unterbrochen ist, einströmen. — Schließlich möchte ich noch auf das ganz besonders langgestreckte Kurvenbild 132 hinweisen. Es ist die Station Pachmarhi (132), die auf einer überragenden Höhe im Westteil dieses Berglandes liegt.

c) Teilregionaltyp des Nordwest-Himalaja.

(Kurve 5c)

Abseits von den vorangehend betrachteten Teilregionen (5a und 5b) des Südens liegen fünf Stationen, 202—206. Sie schließen sich im Norden an jene Teilregion 4c an, in der wir zuerst Winterregen festgestellt haben. In diesen fünf Kurvenbildern tritt nun sehr klar — zum Unterschied zu jenen Tieflandstationen — die größere Niederschlagshöhe im Winter hervor. Sie läßt sich durch die Annäherung an den Himalaja in der gleichen Weise erklären wie die Steigerung der Sommerregen in dieser Teilregion (5c). Das An- und Abschwellen der Winterregen erstreckt sich auf die Zeitspanne Januar bis März, und der Februar übertrifft sogar teilweise noch den Januar.

Da außerdem der Vergleich der einzelnen Kurvenbilder (202—206) Unterschiede in dem Eintritt des absoluten Maximums ergibt, habe ich danach eine Zweiteilung in die Gruppen $5c_1$ und $5c_2$ vorgenommen. 202 und 205 (Gruppe $5c_1$), die den Höchstwert im Juli aufweisen und in größerer Höhe von mehr als 1800 m liegen, sind dadurch von der zweiten Gruppe ($5c_2$) 203, 204 und 206, die das Maximum im August zeigen, getrennt worden. Innerhalb dieser beiden Gruppen ($5c_1$ und $5c_2$) unterscheiden sich die Stationen (202—206) weiter relativ stark in der absoluten Regenmenge. Die Erklärung für diese Differenzen läßt sich aber möglicherweise erst durch die genaue Kenntnis der lokalen Verhältnisse finden. Trotz der sekundären Regenperiode im Winter habe ich auch diese fünf Stationen mit den Kurven 5a und 5b zu einem Regionaltyp vereint. Hierbei habe ich vor allem die Regenmenge in beiden Niederschlagsperioden beachtet und die geringen Winterregen im Vergleich zu den hohen Sommerwerten für diese Zusammenfassung und Einordnung in die Sommerregen-Großregion maßgebend sein lassen.

Tafel VI

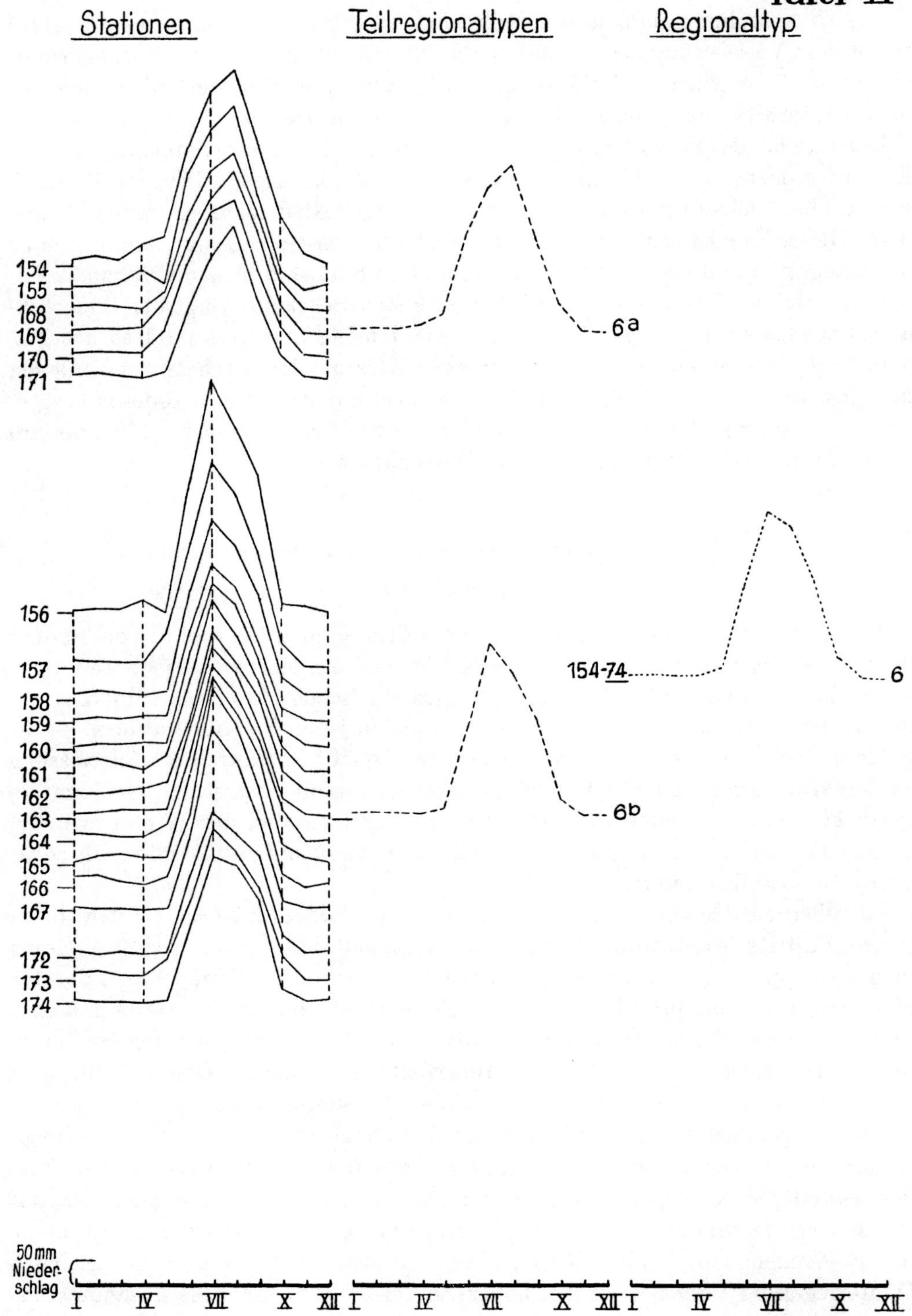

Stationen
Teilregionaltypen
Regionaltyp
154
155
168
169
170
171
6a
156
157
158
159
160
161
162
163
164
165
166
167
172
173
174
6b
154-74
6
50mm
Nieder-
schlag
I
IV
VII
X
XII
I
IV
VII
X
XII
I
IV
VII
X
XII

6. Regionaltyp des südöstlichen Vorlandes der Satpuraketten und des Himalajavorlandes.

(Tafel VI, Kurve 6)

Die sechste Niederschlagsregion ist wie das vorangehend betrachtete Gebiet (5) kein geschlossener Raum. Der Typ 6 beherrscht vielmehr zwei schmale, durch das Gangestiefland und das südliche Höhengebiet getrennte Zonen, die die vierte und fünfte Niederschlagsregion von Nordosten und Südwesten umfassen. Auf diese zwei Gebiete: das Himalaja-Vorland im Norden und das südöstliche Vorland der Satpuraketten im Südwesten, verteilen sich die Stationen 154—174. Im Vergleich zu dem angrenzenden 5. Regionaltyp treten keine Veränderungen in der Dauer der Trockenzeit oder der Lage der Extrema ein. Dafür unterscheiden sich die Kurven 154—174 von diesen dadurch, daß das An- und Abschwellen der Niederschläge nicht gleichmäßig erfolgt. Bei der Lage des absoluten Maximums im Juli entspricht vielmehr einer plötzlichen Zunahme ein langsames Abklingen, und mit der Verschiebung des Höchstwertes auf den August die umgekehrte Aufeinanderfolge. Ferner ist die Spitze aller Kurven (154—174) ausgeprägter, da die Differenz zwischen Juli- und Augustwert auf 5—7% — in einem Fall sogar auf 10% — angewachsen ist.

Die beiden getrennten Kurvenbilder (6a und 6b) der Tafel VI entsprechen nun aber nicht einer räumlichen Aufteilung in dem Sinne, daß die eine Gruppe der Stationen die nördliche, die andere die südliche Randzone repräsentierte. Vielmehr liegt eine Trennung in ostwestlicher Richtung in beiden Randstreifen vor, und zwar enthält der Teilregionaltyp 6a nur östliche und 6b ausschließlich westliche Stationen beider Randzonen.

a) Östlicher Teilregionaltyp.

(Kurve 6a)

Die Hauptkennzeichen dieses ersten, also östlichen Teilregionaltyps (6a) sind der langsame Anstieg zum Augustmaximum und die rasche Abnahme zum Spätherbst. Mai und Oktober liegen am Anfang beziehungsweise Ende der Regenperiode und zeigen mit 50 mm Niederschlag den Übergang zu den Trockenmonaten an. Den Eintritt des absoluten Maximums im August in diesem östlichen Abschnitt möchte ich noch besonders hervorheben, denn die Stationen (154—171) schließen sich an jenen Raum zwischen Mahanadidelta und östlichem Gangesmittellauf an, den ich dadurch bereits besonders gekennzeichnet habe. Dies können wir auf der Karte der „Monate maximalen Niederschlags in Vorderindien und Ceylon" verfolgen.

Die beiden Stationen 154 und 155, die im südöstlichen Teil im Mahanadistromland liegen, weichen im Jahresgang der Niederschläge nur durch die größere Höhe der Sommerbeträge von 168—171, die am nördlichen Ufer des Ganges, am Zusammenfluß mit der Jumna, liegen, ab.

Tafel VII

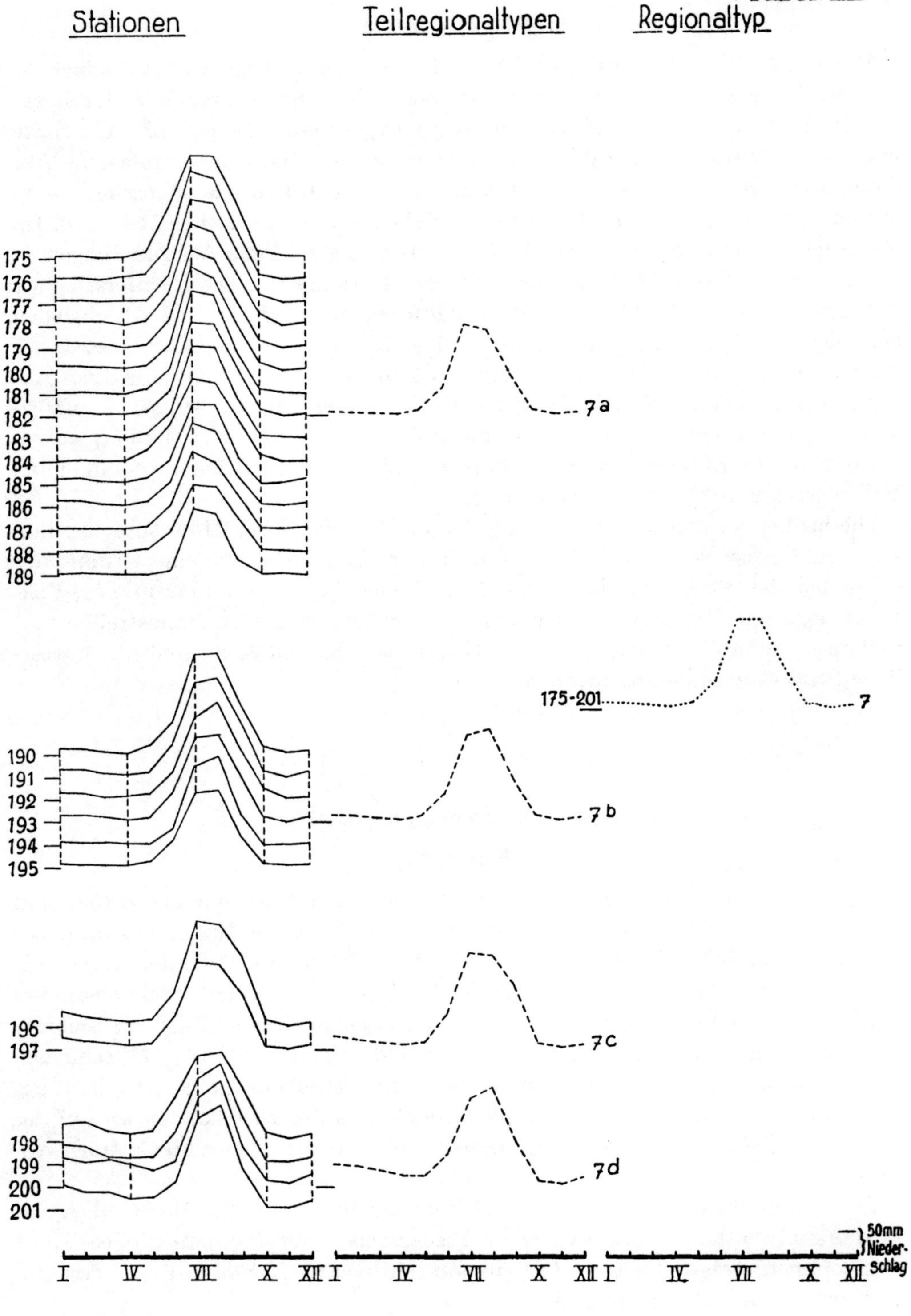

Stationen
Teilregionaltypen
Regionaltyp
175
176
177
178
179
180
181
182
183
184
185
186
187
188
189
7a
175-201
7
190
191
192
193
194
195
7b
196
197
7c
198
199
200
201
7d
50mm
Nieder-
schlag
I
IV
VII
X
XII

b) Westlicher Teilregionaltyp.

(Kurve 6b)

Die Verlagerung des Maximums auf den Juli und des konvexen Kurvenbogens auf den Herbst zeichnet die Stationen 156—167 und 172—174 aus und charakterisiert den Jahresgang der Niederschläge in dem westlichen Abschnitt beider Randstreifen. Der Übergang vom August- zum Julimaximum tritt auch in den angrenzenden Gebieten ein, wie schon die Betrachtung des vierten Regionaltyps zeigte.

Diese Stationendiagramme (156—167 und 172—174) unterscheiden sich in der Höhe der Sommerwerte stärker voneinander, so daß ich daran weiterführende Fragen anknüpfen möchte. Bei den langgestreckten Kurven 156—158, die sogar Höhencharakter aufweisen, handelt es sich um besonders günstig gegen die regenbringenden Winde gelegene Stationen: 156 im Godavarital, 157 vor dem Anstieg des Himalaja und 158 am Anstieg des Vindhyagebirges von Süden.

Dann möchte ich noch die Gruppe 172—174 hervorheben. Durch die größere Breite und geringere Höhe dieser Kurvenbilder sowie der damit verbundenen schwachen Ausprägung der Kurvenspitze im Juli und der geringen Abnahme der Regenmenge zum Herbst, zeigen sie schon den Übergang zu der südlich angrenzenden Region. Hier werden wir noch zu verfolgen haben, wie in immer stärkerem Maße der September bevorzugt Niederschlag erhält.

7. Regionaltyp von West-Rajputana.

(Tafel VII, Kurve 7)

Der siebente Regionaltyp ähnelt stark dem vierten Niederschlagstyp, denn das Anschwellen und Abklingen der Regenfälle erfolgt gleichartig. Ferner sind die maximalen Beträge wieder ziemlich gleichmäßig auf zwei Sommermonate verteilt. Neben diesen Übereinstimmungen rechtfertigen aber zwei wesentlich unterscheidende Merkmale die Abgrenzung dieser siebenten Niederschlagsregion.

Das sind: erstens die Verschmälerung der Kurvengestalt durch eine Verkürzung der Regenperiode im Frühling und Herbst. Der Anstieg zum Höchstwert dauert nur zwei Monate und der Übergangsmonat weist im Mittel nur eine Niederschlagsmenge von 60 mm auf, das sind 10% der Gesamtmenge. In den östlich gelegenen Gebieten kündete sich mit so geringen Beträgen schon der Beginn der Trockenzeit an. Oktober bis Mai sind fast regenlos. Dafür entfallen aber 86% der Gesamtmenge auf die Zeit von Juni bis September und allein 61% auf die beiden Hochsommermonate Juli und August. Es konzentriert sich also hier der gleiche Prozentsatz auf zwei Monate, der im Gangesdelta auf zwei Drittel des Jahres verteilt war.

Zweitens ist die Veränderung aus der Abnahme der Kurvenhöhe ersichtlich, denn 200 mm werden im Juli und August selten überschritten.

Diese beiden Merkmale sind kennzeichnend für den Jahresgang der Niederschläge der Stationen 175—201, die auf eine breite Zone verteilt sind. Dieser Raum erstreckt sich vom Plateau von Malwa nach Nordwesten bis an die Aravallikette und reicht im Nordosten über den Oberlauf des Ganges hinaus. Damit zeigt der größte Teil West-Rajputanas diesen gleichen Jahresgang, und es läßt sich somit eine Übereinstimmung von dem Himalaja bis in die Nähe der Westküste der Halbinsel feststellen.

Die Aufspaltung dieses Niederschlagstyps (7) in vier Teilregionaltypen (7a—d) wird durch die Verlagerung des Maximums auf Juli oder August und außerdem durch das Hinzukommen eines sekundären Höchstwertes im Winter bewirkt.

a) Teilregionaltyp des Malwaplateaus.

(Kurve 7a)

Der Eintritt des Maximums im Juli und die Beschränkung der Hauptregenperiode auf die Zeit von Juli bis September, ferner acht bis neun Monate Trockenzeit sind die charakteristischen Züge dieser ersten, weitaus größten Teilregion (7a).

Beim Vergleich der einzelnen Diagramme 175—189 erkennen wir wieder eine Verkürzung der Regenzeit und eine Abnahme der Kurvenhöhe derart, daß sich die Trockenmonate in 189 nur noch nicht auf den Juli und August erstrecken, im übrigen aber fünf Sechstel des ganzen Jahres einnehmen. Die Anordnung der Stationen in der Reihenfolge von 175—189 erfolgt in diesem Gebiet von Südosten nach Nordwesten. Diese Erscheinung ist somit nur die klare Fortsetzung jener Gesetzmäßigkeit, die wir in gleicher Richtung, d. h. gangesaufwärts verfolgen konnten.

Eine weitere Gliederung dieses Teilregionaltyps (7a) in kleinere Stationsgruppen führt uns dann diesen besonders langsamen Übergang von Station 175—189 in mehrere Zonen aufgespalten vor Augen. Zunächst springt die Kurve 175 mit der größten Kurvenbreite und -höhe aus dieser Gruppe heraus. — Dann läßt sich die Zusammenfassung der Stationen 176—184 vornehmen, die alle eine konkav gebogene Anstiegslinie zum Maximum aufweisen, im Gegensatz zu der gleichmäßigen Abnahme der Regenmenge im Herbst. — Eine weitere Modifikation lassen dann die Kurvenbilder 185—188 durch die nun auch konkav gebogene Linie im Herbst erkennen, wie sie durch die starke Abnahme der Niederschlagshöhe zum September entsteht. — Das letzte Kurvenbild 189 nimmt dann noch eine Sonderstellung ein, da es ganz besonders schmal ist und ferner eine sehr geringe absolute Regenhöhe aufweist. Damit leitet diese Station 189 schon zu dem nordwest-indischen Regionaltyp über. Die durchweg kurze Regenperiode und die geringen Niederschläge in dieser Teilregion von West-Rajputana (7a), die schon auf dem Plateau von Malwa (175) auftreten, werden durch die zentrale Lage dieser Gebiete hervorgerufen. Und „kein Gebirge hemmt hier weder an der Küste noch landein den aufziehenden Monsun“[1]), so daß auch dadurch kein Anlaß zu einer langen und starken Regenzeit gegeben ist und die Niederschläge nur in der Hauptmonsunperiode etwas größer sind.

---

[1]) K. Helbig, Vorderindien, S. 250.

b) Teilregionaltyp von Nordwest-Rajputana.

(Kurve 7b)

In sechs Diagrammen 190—195 übersteigt mit weniger als 2% der Augustbetrag den Juli. Es handelt sich somit um eine geringe Veränderung im Jahresgang der Niederschläge im Vergleich zu Kurve 7a, die in diesem kleinen Gebiet im Nordwesten der Region in der Nähe des Himalaja eintritt.

Doch schon unter diesen wenigen Diagrammen können wir die Abnahme in der Kurvenbreite und -höhe verfolgen und sogar Parallelen zu jenem Teilregionaltyp 7a aufstellen. So entsprechen die Stationen 190—193 durch die konkave Anstiegslinie: 176—184. Ferner zeichnen sich 194 und 195 in der gleichen Weise wie jene dritte Gruppe der vorangehend betrachteten Teilregion 7a durch eine noch stärkere Verschmälerung der Kurvengestalt und weitere Verringerung der absoluten Regenhöhe aus. Somit haben wir auch hier wiederum eine allmähliche Veränderung in der gleichen Richtung und im gleichen Sinne wie bei dem die größere Teilung betreffenden Typ 7a.

c) Teilregionaltyp des Ganges- und Jumnaoberlaufes.

(Kurve 7c)

Zu dem absoluten Höchstwert im Hochsommer tritt in dieser dritten Teilregion (7c), wie schon mehrfach beim Fortschreiten nach Nordwesten festgestellt wurde, das relative Maximum im Winter auf. In den Diagrammen 196 und 197 fällt im Januar der stärkste Niederschlag dieser Regenperiode.

Beide Stationen liegen im Gangestal und schließen sich im Nordwesten an den Teilregionaltyp 7b an. Sie stellen außerdem die Fortsetzung von Teilregion 4c nach Süden her, bei der ich zuerst auf das sekundäre Wintermaximum hinzuweisen hatte. Außerdem möchte ich auf den relativ großen Septemberbetrag aufmerksam machen, der diese beiden Kurvenbilder vor allen übrigen Diagrammen dieser Region (7) auszeichnet.

d) Teilregionaltyp des Himalajaanstieges.

(Kurve 7d)

Die vier Stationen 198—201 weichen im Jahresgang durch den Eintritt der größten Niederschlagsmenge im August von jenem dritten Teilregionaltyp 7c ab. Außerdem ist der prozentuale Anteil des Winterregens von Januar bis März um 5% auf 14% angewachsen. Die absolute Höhe dieser Kurvenbilder ist im Vergleich zu 196, 197 außer in 198 besonders im September kleiner geworden.

Diese vier Stationen (198—201) liegen nicht in einem zusammenhängenden Gebiet, dafür aber übereinstimmend am Himalajaanstieg zwischen 73° und 77° östlicher Länge: 198 und 199 in der Übergangszone aus der Gangesniederung zum Himalajavorland in 185—300 m Höhe. 200 und 201, die in dem gleichen Niveau beziehungsweise in 300—600 m Höhe, aber weiter westlich, liegen, zeigen noch eine sehr geringe Zunahme der Niederschläge im März außer dem sekundären Maximum im Januar, die auf eine längere Dauer der Winterregen hinweist.

Tafel VIII

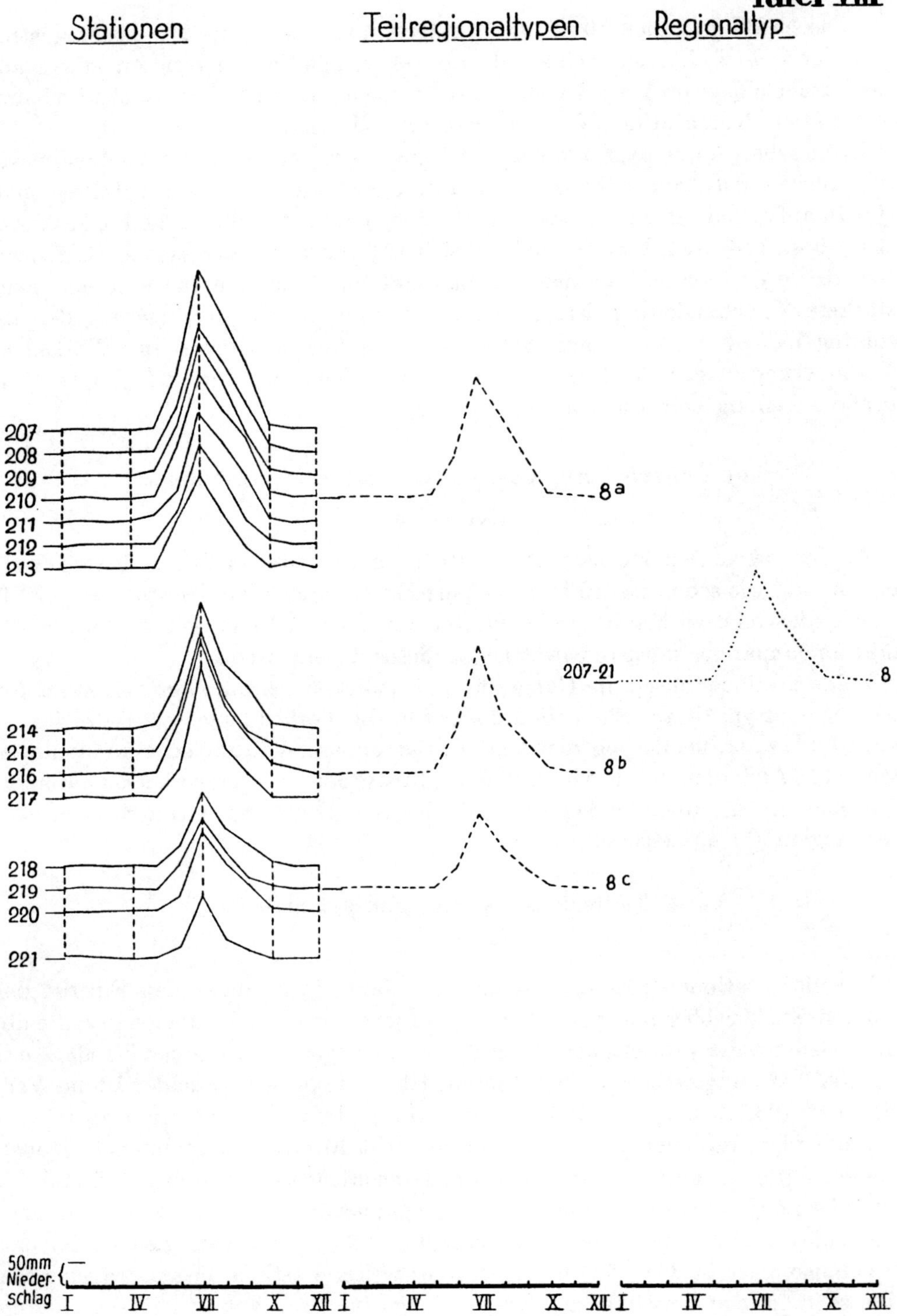

Stationen
Teilregionaltypen
Regionaltyp
207
208
209
210
211
212
213
8a
214
215
216
217
8b
218
219
220
221
8c
207-21
8
50mm
Nieder-
schlag
I
IV
VII
X
XII
I
IV
VII
X
XII
I
IV
VII
X
XII

8. Regionaltyp von Gujerat.

(Tafel VIII, Kurve 8)

In diesem Abschnitt werden wir die Diagramme 207—221 betrachten, die sich durch eine wesentlich längere, sogar auf mehr als acht Monate ausgedehnte Trockenperiode von allen bisher untersuchten Kurvenbildern unterscheiden. Sie zeigen durch diesen großen Gegensatz zwischen einer langen Trockenzeit und kurzen Regenperiode gerade die Umkehrung der Verhältnisse jener zweiten Region. Denn im Brahmaputratal fallen 95% der Regenmenge auf fast zwei Drittel des Jahres: von März bis Oktober, dafür konzentriert sich in Typ 8 der gleiche Prozentsatz auf die vier Sommermonate Juni bis September, und die übrigen acht sind, da auch ein sekundärer Anstieg im Winter fehlt, fast völlig regenlos. — Ferner kennzeichnet vor allem der scharf zugespitzte Kurvengipfel alle diese Diagramme. Bei diesen großen Differenzen zwischen den Sommermonaten drängt sich sofort der Vergleich mit dem vierten Regionaltyp auf. Zeigten sich im Gangestiefland höchstens Unterschiede von 2%, so überragt in der achten Region der Juli sogar um das mehr als zehnfache dieses Betrages (23%) die Monate Juni und August.

Alle Stationen 207—221, die diese scharfe Trennung in Regen- und Trockenzeit und außerdem durchweg das spitze Julimaximum zeigen, liegen über die Halbinsel von Kathiawar und die nördlich daran anschließende Insel Cutch und nach Osten bis an das Plateau von Malwa ausgebreitet. Im Norden ist die Mündung des Indus, im Süden das östliche Ufer des Golfes von Cambay nördlich der Tapti die Grenze dieses Gebietes. Diese Region (8) zeigt überwiegend Tieflandscharakter, nur wenige Erhebungen bis zu etwa 600 m Höhe sind auf der Halbinsel eingestreut: so steigt das Land in der Mitte in den Mandabergen (250—300) an und erreicht weiter im Westen diese Höhenstufe in den Bardabergen (637 m) und im Süden in dem einzigen zusammenhängenden Gir Forest (642 m)[1]); im Nordwesten ragt außerdem das Plateau von Malwa bis zu derselben Höhe (600 m) heraus. — So sind es hier drei Landschaften, die durch den gleichen Jahresgang der Niederschläge zusammengefaßt werden: die Halbinsel Kathiawar, das Vorland des Malwaplateaus und die Insel Cutch.

Die hervorstechendsten Merkmale in diesem Jahresgang der Niederschläge erklären sich fast völlig durch die kurze Monsunperiode. In den ersten Julitagen[2]) erreicht diese Strömung die Breite des Punjab. Da vor dem Beginn des Monsuns hohe Temperaturen von über 30°C herrschen, kommt es erst im Juli auf der Halbinsel Kathiawar zu maximalen Niederschlägen. Außerdem ist dann dieses Gebiet (8), wie aus den Höhenangaben ersichtlich ist, für den Monsun nur ein kleines Hindernis, so daß er weit landeinwärts streichen kann. Daraus erklärt sich diese gleichmäßige Verteilung der Niederschläge über diese 8. Region und auch die geringe absolute Regenmenge der Stationen 207—221.

Auch diese Niederschlagsregion (8) kann man wieder untergliedern mit etwas verschiedenen Kurvenbildern. Als Teilregionen ergeben sich dann die schon erwähnten drei Landschaften.

---

[1]) N. Krebs, a. a. O., S. 332.

[2]) H. Flohn, Witterungs-Singularitäten im Monsunklima Indiens; Ann. d. Hydr., 71. Jahrgang, Heft 8, 1943, S. 290.

a) Teilregionaltyp des Malwaplateauvorlandes.

(Kurve 8a)

Dieser erste Teilregionaltyp (8a) stimmt in allen wesentlichen Zügen mit dem Regionaltyp überein, und auch der Vergleich mit den Einzelkurven (207—213) führt uns nur geringe Differenzen in der absoluten Höhe der Sommerwerte vor Augen. Sehr gleichmäßig zeigen alle Kurvenbilder insbesondere das schnelle Anwachsen der Regenhöhe zum Maximum und dann die bedeutend langsamere Abnahme der Niederschlagsmenge im Herbst, unterscheidet sich doch der Augustbetrag nur um höchstens 100 mm, durchweg aber nur um etwa 50 mm von dem Extremwert.

Diese Gruppe von sieben Stationen (207—213) liegt in der Tieflandszone vor dem Anstieg zum Malwaplateau und zur Aravallikette (600—900 m). Abgesehen von den beiden Stationen 212 und 213 ist die Halbinsel Kathiawar nicht mit in diese Teilregion (8a) eingeschlossen. Von Station 207 bis 213 findet eine langsame Abnahme der Sommerwerte statt, und wir erkennen, daß die Küstenstation 213 und auch 212, die auf der Leeseite der Mandaberge gegen den Sommermonsun liegt, die geringsten Niederschläge erhalten.

b) Teilregionaltyp der Halbinsel Kathiawar.

(Kurve 8b)

In einer anderen Gruppe von vier Stationen (214—217) tritt das Julimaximum als eine ganz besonders scharfe Kurvenspitze hervor, die die große Differenz zwischen Juni- und Augustbetrag und diesem Extremwert klar erkennen läßt. Danach wurden sie zu der Teilregion 8b zusammengefügt. Durch dieses gleichmäßige An- und Abschwellen der Niederschläge unterscheiden sich diese Stationen 214—217 auf der Halbinsel Kathiawar von den asymmetrischen Kurvenbildern jener weiter landeinwärts gelegenen Stationen (207—213).

c) Teilregionaltyp der Insel Cutch.

(Kurve 8c)

Das dritte Landschaftglied ist die Insel Cutch, die „das am weitesten gegen die Wüstensteppe vorgeschobene"[1]) Gebiet darstellt. Diese Tatsache ist in den Diagrammen 218—221 durch die Verlängerung der Trockenzeit um ein bis zwei Monate auf den Juni und teilweise schon ab September und ferner durch die wesentliche Erniedrigung der Kurvenspitze zu erkennen.

Durch die Verschärfung der hervorstechenden Merkmale in Station 221 sehen wir schon den Übergang zu der Niederschlagsregion Nordwest-Indiens (9), in der sich der Gegensatz von langer regenarmer Periode und kurzem, spärlichem Regenfall noch weitgehend vergrößert. Unter Berücksichtigung des spitzen Kurvengipfels habe ich aber Station 221 noch zu diesem Teilregionaltyp 8c hinzugerechnet.

---

[1]) N. Krebs, a. a. O., S. 332.

9. Regionaltyp von Nordwest-Indien.

(Tafel IX, Kurve 9)

Überblicken wir die zu diesem 9. Regionaltyp zusammengefaßten Stationen, so fällt uns ihre besonders große Zahl auf. Dabei unterscheiden sich diese Kurvenbilder 222—264 sehr wenig voneinander: sie sind flach und ausgeglichen. Wir erkennen nur geringe Höhendifferenzen zwischen den Sommer- und Winterwerten. Das bedeutet also große Trockenheit. Verglichen mit den vorhergehend betrachteten Niederschlagstypen 7 und 8 ist die Regenperiode weitgehend verkürzt und die absolute Menge der Sommerniederschläge stark verringert. Diese Abstufung führt uns sogar in das ausgeprägte Trockengebiet von Vorderindien. Diese Regenarmut beschränkt sich nicht auf einen kleinen Raum, sondern herrscht in ganz Nordwest-Indien. Dieses Gebiet (9) schließt sich im Westen an Rajputana und die Insel Cutch an. Es erstreckt sich im Norden bis zum Himalaja und dehnt sich in südwestlicher Richtung bis zum Arabischen Meer aus. Im Westen erfolgt dann durch das Suleimangebirge und seine südwestliche Fortsetzung, die Kirtharketten, die Begrenzung dieser 9. Region.

Die Charakterisierung dieses bemerkenswert großen Raumes durch diesen einen Niederschlagstyp (9) steht im Gegensatz zu der ganzen Reihe von Kurvenbildern, durch die die Regenverteilung im Nordosten Vorderindiens erfaßt wurde. Diese große Übereinstimmung möchte ich auf die Einförmigkeit der Oberflächengestalt in Region 9 zurückführen.

Mit den Ursachen der spärlichen Regenfälle in dieser nordwestindischen Region, die sich schon in geringer Meeresferne bemerkbar machen, hat sich W. Köppen[1]) bereits am Ende des vorigen Jahrhunderts beschäftigt. Er vermutete, daß die Trockenheit nicht durch den vom Meere kommenden Südwestmonsun zu erklären sei. Seine Annahme, „daß die Luftströmung in der Höhe der unteren Wolken auf der nördlichen Halbkugel im allgemeinen etwa zwei Striche rechts von der Windrichtung herkommt und daher hier aus dem dürren Belutschistan stammen müsse"[2]), hat sich durch die neueren aerologischen Forschungen bestätigt. Durch die Feststellung kontinentaler West- und Nordwestwinde über 1000 m Höhe wurden die Erwartungen von Köppen noch übertroffen.[3])

Simpson[4]) erklärt dann, wie es trotz des 1000 m mächtigen Südwestmonsuns zu diesen außerordentlich geringen Regenfällen kommt. Er weist darauf hin, daß die hohen Temperaturen von über 40°C im wärmsten Monat in Nordwest-Indien maßgebend sind für die Bildung eines großen Tiefdruckgebietes. Hier fließen der von Südwesten und Nordosten kommende Bombay- und Bengalenstrom in Form einer Zyklone zusammen. Es strömen aber stets nur von Süden und Osten neue Luftmassen unten zu, im Norden und Westen hindern es die Gebirge. Derjenige Teil, der dieses Innere Nordwest-Indiens erreicht und nicht nach Zentralindien abgelenkt wird, würde noch genügend Regen bringen können. Aber die geringe

[1]) W. Köppen, Ursachen der Trockenheit Nordwest-Indiens; Met. Z., Bd. 23, 1888, S. 146 bis 148.

[2]) W. Köppen, a. a. O., Bd. 49, 1932, S. 152.

[3]) W. Köppen, a. a. O., Bd. 49, 1932, S. 153.

[4]) G. Simpson, The South-West Monsoon, S. 158.

Tafel IX

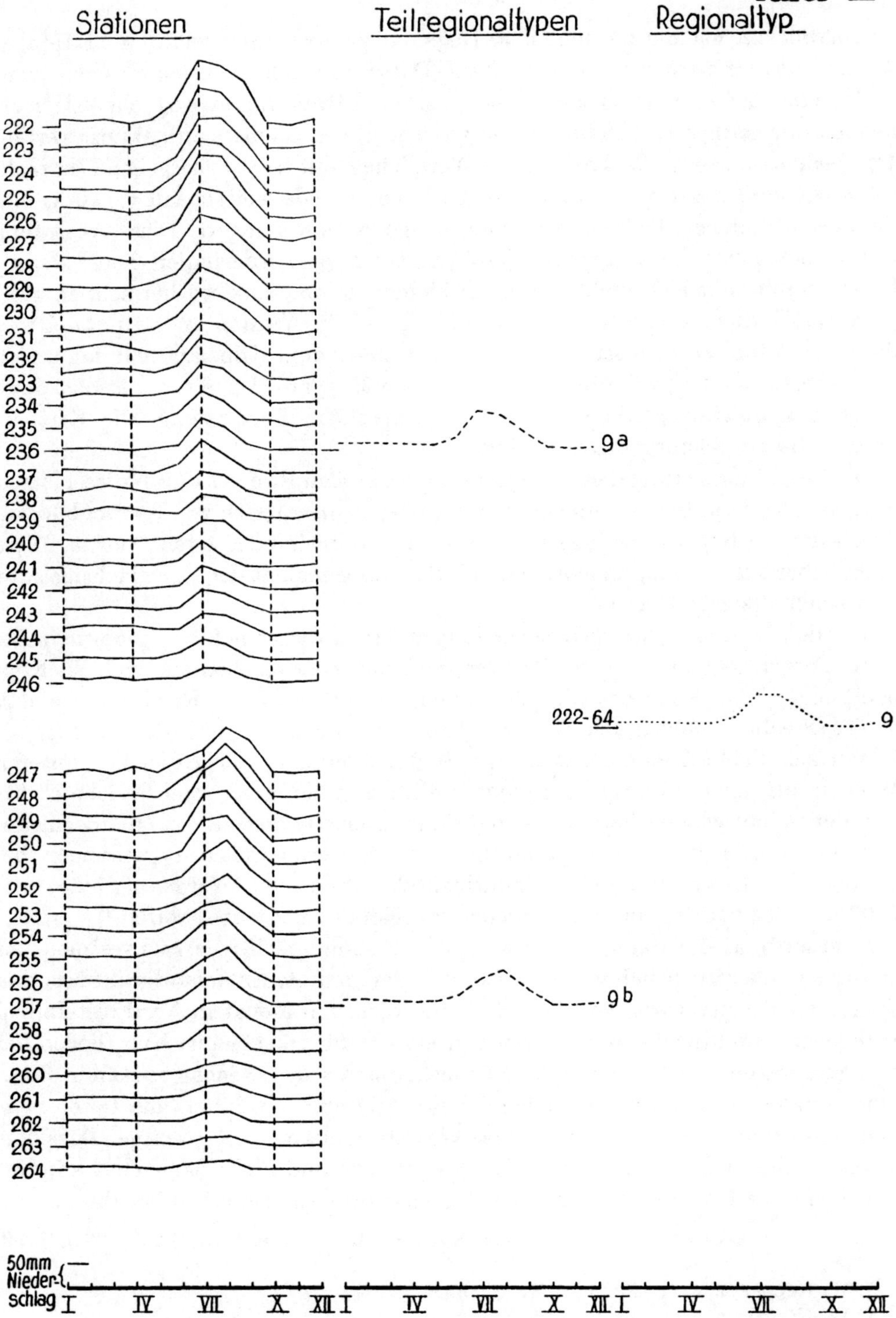
Stationen
Teilregionaltypen
Regionaltyp
222
223
224
225
226
227
228
229
230
231
232
233
234
235
236
237
238
239
240
241
242
243
244
245
246
9a
222-64
9
247
248
249
250
251
252
253
254
255
256
257
258
259
260
261
262
263
264
9b
50mm Nieder-schlag
I IV VII X XII
I IV VII X XII
I IV VII X XII

Luftfeuchtigkeit von nur 20% und die große Temperaturzunahme von Karachi nach Jacobabad um 5° erniedrigt die relative Luftfeuchtigkeit des Monsuns beim Überqueren des Landes von 80% auf 55%. Diese Luft müßte 1000 m steigen, um zu kondensieren. Bevor sie aber diese Höhe erreicht hat, trifft sie mit den trocknen Westwinden zusammen. Damit sind Wolkenbildung und stärkere Kondensation ausgeschlossen. Neben diesen spärlichen Sommerregen ist der Niederschlag im Wintervierteljahr vor allem auch wegen seiner hohen Bedeutung für die Landwirtschaft hervorzuheben.[1]) Es zeigt sich jedoch, daß es sich selten um mehr als 30 mm Regenhöhe von Dezember bis März handelt. Durch diese äußerst geringen Beträge in der sekundären Niederschlagsperiode läßt sich dieser 9. Regionaltyp noch in die 1. Großregion der vorherrschenden Sommerregen einordnen.

Vergleicht man nun die absolute Höhe der Winterregen und den genauen Eintritt dieses Maximums in den einzelnen Kurvenbildern, so erkennt man größere Unterschiede.

Um diese Veränderungen im einzelnen verfolgen zu können, habe ich von allen Stationen 222—264 dieser nordwestindischen Region den prozentualen Anteil der Regenmenge von Januar bis März berechnet. Danach wurden dann, wie es Kärtchen 3 zeigt, alle Stationen mit gleichen Beträgen in diesem Zeitabschnitt durch Isolinien verbunden. Wir erkennen nun, daß diese Linien meist von Südwesten nach Nordosten verlaufen und die Winterregen in nordwestlicher Richtung zunehmen. Die breiteste Zone innerhalb dieser 9. Region ist von der Zehn- und Zwanzig-Prozent-Angabe eingeschlossen. Die Fünfundzwanzig-Prozent-Linie ganz am Nordwestrand liegt nicht genau fest, da sie nur durch wenige Stationen gezogen wurde. Diese außerordentlich große Zunahme der winterlichen Depressionsregen mit der Annäherung an die Suleimanketten ist bedingt durch die Lage des Entstehungsortes dieser Wandertiefs im östlichen Mittelmeer und ihrer meist südöstlichen Fortpflanzungsrichtung.

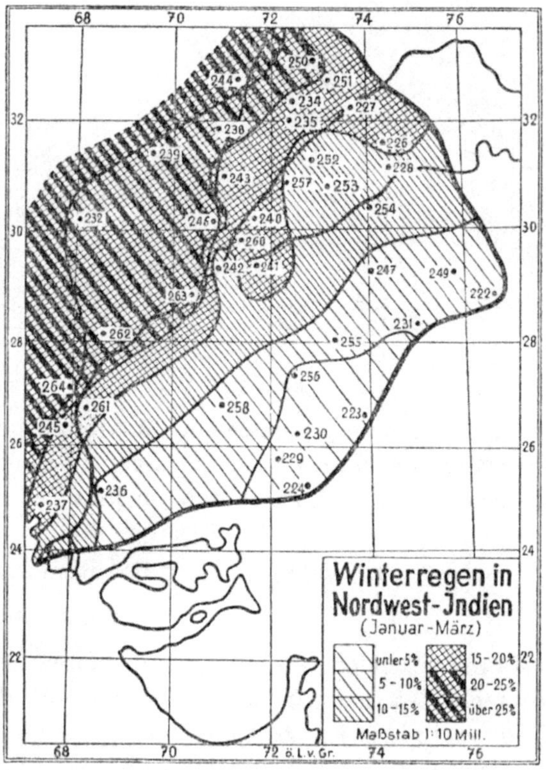

Karte 3.

Ebenso große Unterschiede wie in diesen prozentualen Werten erkennen wir in dem genauen Eintritt des sekundären Winterregenmaximums. Diese regionalen

[1]) K. Helbig, a. a. O., S. 246.

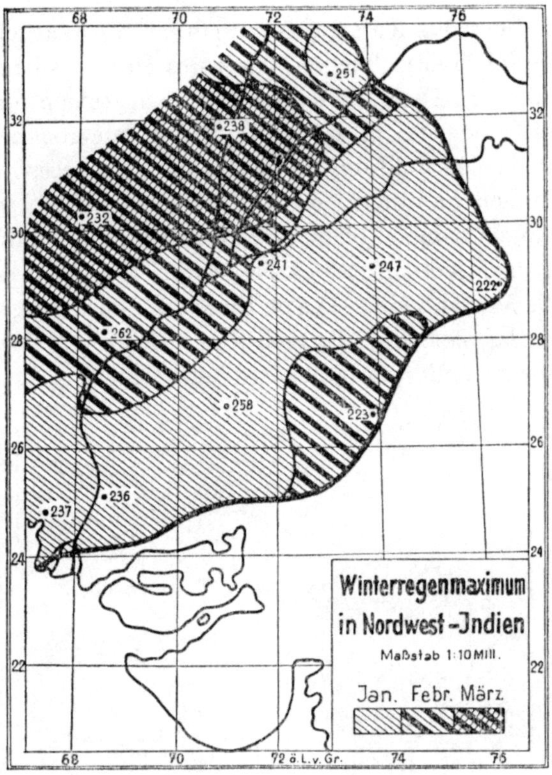

Karte 4.

Differenzen zeigt Karte 4. Wir verfolgen nun, daß in jedem Wintermonat mindestens in einem Abschnitt der Höchstwert erreicht wird. In den Kirtharketten und ihrem südöstlichen Vorland zeigt eine Gruppe von Stationen das Maximum erst im März. Von dieser Zone unterscheidet sich klar ein östlich und nördlich daran anschließendes Gebiet durch maximalen Februarregen. Der größte Teil dieser 9. Region zeigt den Eintritt des sekundären Höchstwertes aber schon im Januar. Nur ein kleiner Streifen an der Ostgrenze mit maximalen Februarregen ist noch davon zu trennen. Diese Veränderungen im Eintritt des Winterregenmaximums von Nordwesten nach Südosten erwähnt auch J. Hann.[1]) Danach erreichen sie „in den Nordwestprovinzen ihr Maximum im Januar, an wenigen Stationen der Niederung im Nordwesten derselben und in Kumaun im Februar und im März längs der Nordwestgrenze und im Himalaya nördlich des Pandschab“.

a) Teilregionaltyp der Randzone Nordwest-Indiens.

(Kurve 9 a)

Maximaler Niederschlag im Juli kennzeichnet die Diagramme 222—246 und unterscheidet dadurch eine Randzone von dem Kerngebiet der Region (9). Im Nordwesten liegt ein besonders breiter Streifen, der die Suleimanketten einschließt und sich über ihr Vorland bis zum Indus und Sutlej nach Osten ausdehnt; dagegen erstreckt sich dieser Teilregionaltyp (9a) außer am Indusdelta nur auf einen schmalen Saum.

Im einzelnen unterscheiden sich die Diagramme 222—246 durch kleine Veränderungen in der Breite und Höhe voneinander. Wir erkennen daraus die Richtung und den Grad, in denen die Verschärfung der Trockenheit eintritt. — Durch Zusammenfassung der Stationen 222—246 zu kleineren Gruppen läßt sich diese Verkürzung der Regenzeit in drei Stadien aufteilen. Die relativ hohen und breiten Kurvenbilder kennzeichnen den nördlichen und südöstlichen Abschnitt dieses Grenzsaumes. Dieser verhältnismäßig hohe Regenbetrag steht in Verbindung mit

[1]) J. Hann, a. a. O., S. 215.

den allgemein größeren Werten in dem östlich anschließenden Raum. — Die Stationen 232—240 in dem nordwestlichen Teil und an der Indusmündung lassen vor allem eine stärkere Abnahme der Septemberregen erkennen. — Das Gebiet um Dera Ghazi Khan im südlichen Punjab wird durch die ganz besonders flachen Kurvenbilder (241—246) gekennzeichnet. In diesem dritten Abschnitt, dem Vorland der Suleimanketten, ist die Trockenzeit besonders groß, weil es dem trockenen Westwindregime am nächsten liegt.

b) Teilregionaltyp der Thar.

(Kurve 9 b)

Die Verlagerung des Höchstwertes auf den August kennzeichnet den zweiten Teilregionaltyp (9b) Nordwest-Indiens. Er beherrscht die zentralen, weitaus größten Partien dieser Region (9). Die Stationen 247—264 liegen hauptsächlich in der Thar.

Diese Kurvenbilder gleichen bis auf den Eintritt des Maximums denen der Randzone (9a).

Es lassen sich nun wieder die allmählichen Veränderungen in dem Jahresgang der Niederschläge an Hand von drei Stationengruppen verfolgen. Die Kurvengestalt von 247—255 entspricht darin in der Breite und Höhe der ersten Gruppe jenes vorhergehenden Teilregionaltyps (9a). 256—259 zeigen dann durch die weitere Abnahme der Niederschläge besonders im September gleiche Züge wie das zweite Gebiet. Aber 260—264 weichen durch noch flachere Kurvenbilder von den entsprechenden Diagrammen des Typs 9a ab.

Diese Untergliederung ergibt die Dreiteilung der Thar von Nordosten nach Südwesten. Sie zeigt die Lage der letzten Stationengruppe im Vorland der Kirtharketten, die sogar noch geringere Sommerregen erhalten als jene im Vorland der Suleimanketten.

10. Regionaltyp der Konkanküste.

(Tafel X, Kurve 10)

Ganz anders ist im Vergleich zu Nordwest-Indien der Gesamteindruck des 10. Regionaltyps, der aus den Stationen 281—287 ermittelt wurde. Sehr hohe Sommerwerte verbunden mit einem klaren Gegensatz zwischen dieser Niederschlagsperiode und den beinahe regenlosen Monaten November bis April sind die Signatur dieses Konkanküstentyps. Er beherrscht den mittleren Abschnitt des schmalen, langgestreckten Westküstensaumes und den westlichen Ghatsabfall zwischen 13° und 20° nördl. Breite. Um diesen Niederschlagstyp (10) näher zu kennzeichnen, beleuchten wir zunächst den außerordentlich großen Unterschied zwischen den Extremen etwas stärker. Wir sehen dann, daß sich allein 88% der Gesamtregenfälle auf die Periode Juni bis September konzentrieren und somit diese Region (10) fast so gegensätzliche Verhältnisse in den beiden Jahreszeiten aufweist wie das nördlich daran grenzende Gujerat (Region 8).

Außerordentlich bemerkenswert ist ferner das rasche Anwachsen der Regenmenge. Nach dem noch niederschlagsarmen Monat Mai (50 mm) steigt die Kurve

Tafel X

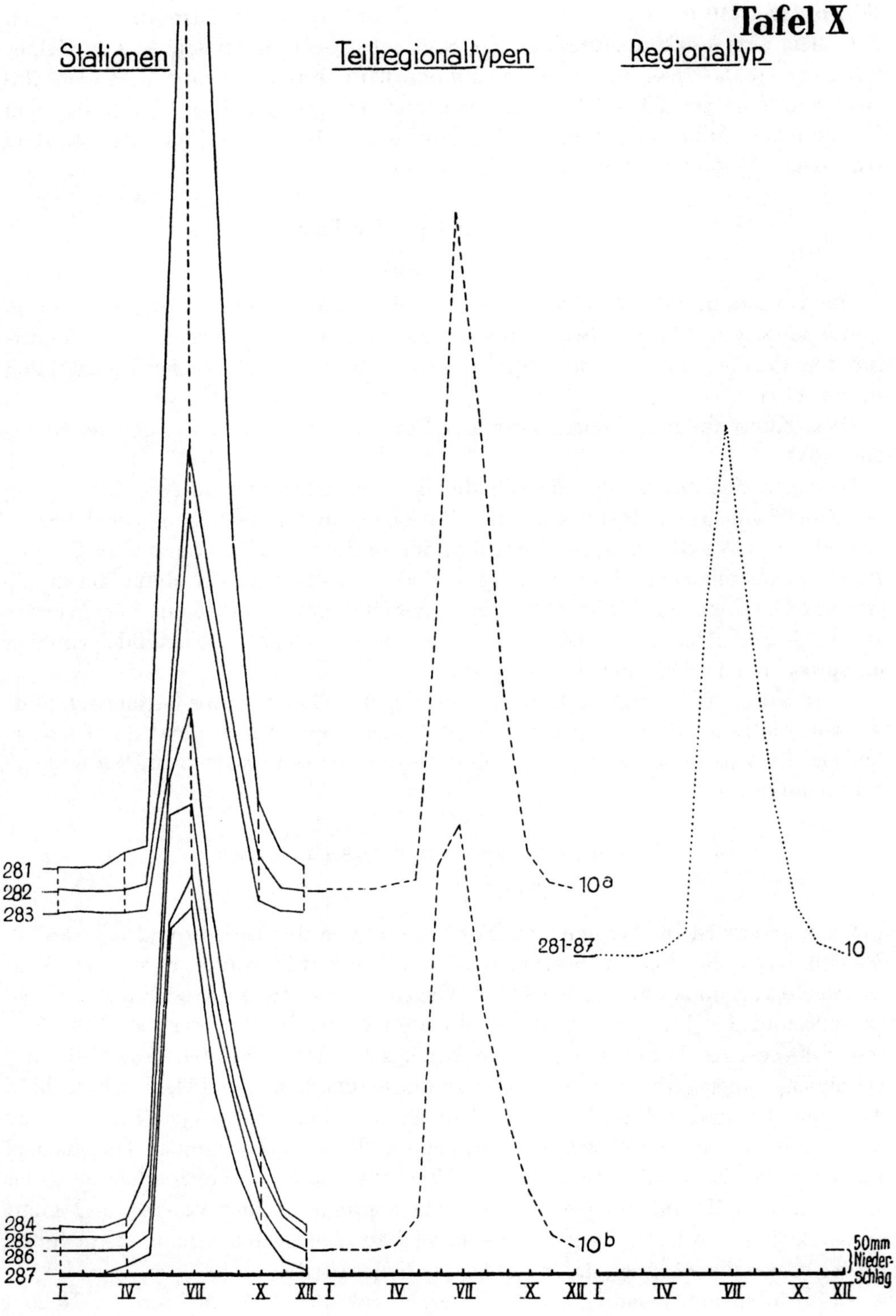
Stationen
Teilregionaltypen
Regionaltyp
281
282
283
284
285
286
287
10a
10b
281-87
10
50mm
Nieder-
schlag
I
IV
VII
X
XII

10 fast senkrecht zum Junibetrag von 750 mm an, um dann nach weiterer, beinahe ebenso großer Zunahme das absolute Maximum im Juli zu erreichen. Diese starken Regenfälle ab Mai werden hervorgerufen durch den Beginn des Südwestmonsuns und vor allem durch das Aufprallen der Luftmassen auf die Westghats, wo sie außerdem durch nachdrängende Teile zum plötzlichen Aufstieg gezwungen werden. Infolge ihrer hohen Windgeschwindigkeit, die in Bombay 20 km/h im Juli beträgt, und der großen relativen Luftfeuchtigkeit von über 85% kommt es schon beim Einsetzen dieser Luftströmung zu sehr heftigen Steigungsregen an der Konkanküste.

Die Verringerung der Regenmenge erfolgt zunächst so rasch wie die Zunahme, denn im August wird der Juniwert erreicht. Doch das weitere Abklingen vollzieht sich etwas langsamer; denn der Septemberbetrag ist relativ hoch und auch der Oktoberwert noch doppelt so groß wie der des Mai.

a) Teilregionaltyp der Westghats.

(Kurve 10a)

Nach der Form der Kurvenspitze führe ich die Zweiteilung der Diagramme (281—287) durch. Zunächst lassen sich die drei Stationen 281—283 aus der Vereinigung zur Region herauslösen. Sie gleichen in der Lage des absoluten Maximums im Juli Kurve 10. Außerdem weichen sie auch nicht in dem gleichmäßig steilen An- und Abschwellen zu diesem Höchstwert von diesem Regionaltyp 10 ab. Diese Merkmale kennzeichnen nur die Höhenstationen am Westabhang der Ghats.

Außer diesen übereinstimmenden Zügen unterscheiden sie sich aber stärker voneinander in der absoluten Regenmenge. Besonders möchte ich auf die große Regenhöhe von Station 281 hinweisen. Die Erklärung hierfür läßt sich möglicherweise auf Grund der Kenntnis der lokalen Verhältnisse noch finden.

b) Teilregionaltyp der Westküste.

(Kurve 10b)

Der Übergang zu den Küstenstationen 284—287 vor den Westghats führt in den Diagrammen zur Herausbildung eines etwas breiteren Kurvengipfels derart, daß nur ein kurzer Anstieg die beiden Hochsommermonate verbindet. Übereinstimmend mit Kurve 10a fällt der absolute Höchstwert im Juli. Diese vier Diagramme unterscheiden sich untereinander weniger als die erste Gruppe in der absoluten Regenmenge, dafür aber stärker in der Kurvenbreite voneinander. Diese Veränderung erkennen wir in der Reihenfolge von 284—287. Sie betrifft mehr den Ausklang der Regenzeit, während der Anstieg sich sehr übereinstimmend zeigt.

II. Übergangsgroßregionaltyp: Sommer- und Herbstregen in Zentralindien und an der Malabarküste.

Stationen, die maximalen Sommerregen und außerdem auch noch größere Werte bis zum Oktober verzeichnen, stehen zwischen den beiden Großregionaltypen (I und IV) mit ausgesprochenem Sommer- oder überwiegendem Herbst-

Tafel XIb

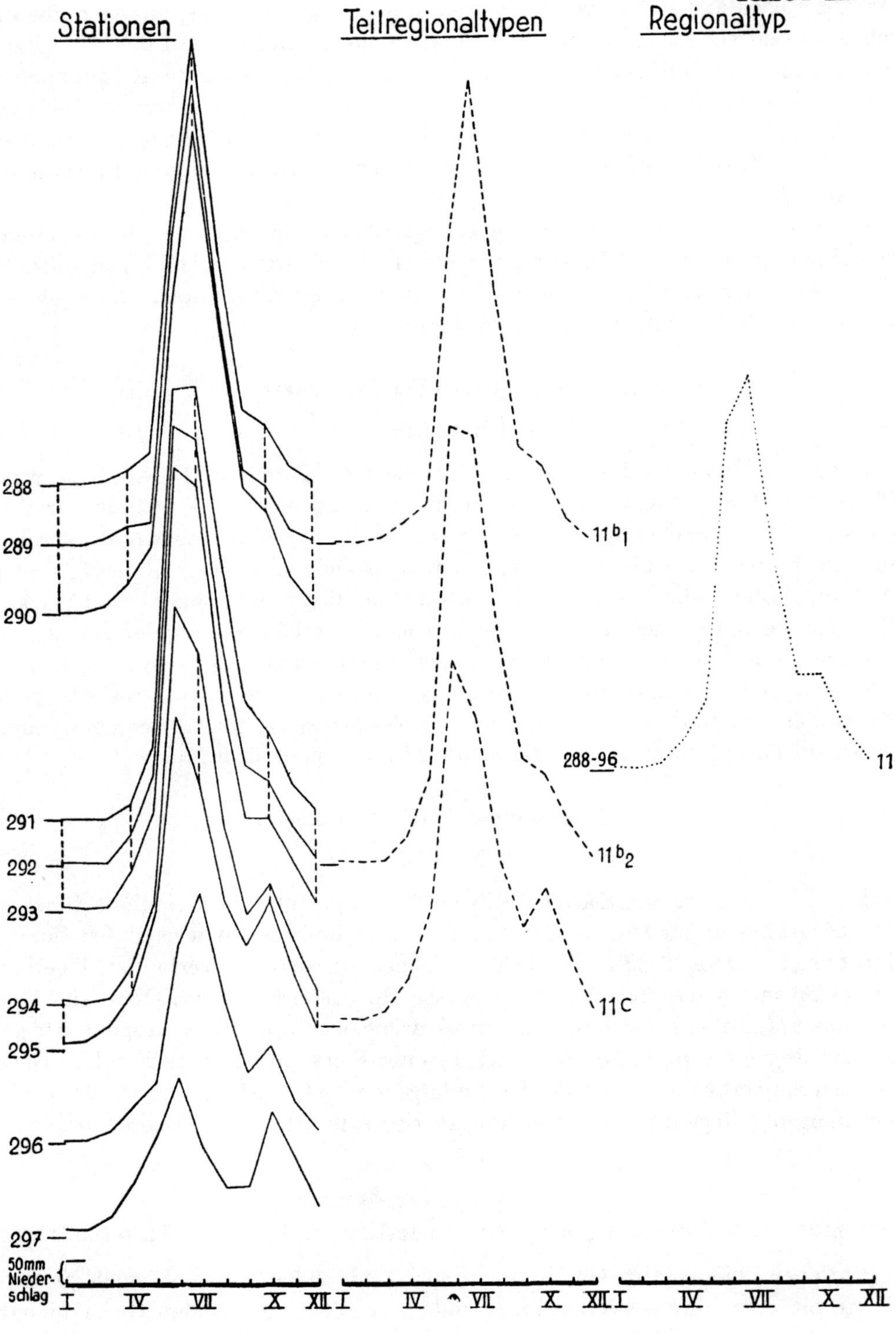

Stationen
Teilregionaltypen
Regionaltyp
288
289
290
291
292
293
294
295
296
297
11b1
11b2
11c
288-96
11
50mm
Nieder-
schlag
I
IV
VII
X
XII
I
IV
VII
X
XII
I
IV
VII
X
XII

regen. Dieser Charakter bestimmt ihre Bezeichnung als Übergangsregion. — Sehr verschiedene Typen zeigen diese Erweiterung der Regenperiode auf den Herbst, aber alle Gebiete schließen sich südlich an die vorstehend betrachteten nordindischen Regionen an. Vereint bilden sie eine Zone, die sich von der Malabarküste über den Norddekhan bis zum Nordteil der Koromandelküste in verschiedener Breite hinzieht. Der Jahresgang der Niederschläge entspricht hier in den Grundzügen noch den jeweils angrenzenden Stationen: den breiten, kuppigen Kurvenbildern im Nordosten, der auf Juni bis September konzentrierten kürzeren Regenzeit in der Gangesniederung und den hochaufragenden, spitzen Diagrammen der Konkanküste. Der kenternde Sommermonsun in Verbindung mit den Zyklonen aus dem Golf von Bengalen und das Einsetzen der Zenitalregen verursachen im wesentlichen aber eine Verlängerung der Regenperiode, die nun im einzelnen an den Regionaltypen untersucht werden soll.

11. Regionaltyp der Malabarküste.

(Tafel XI, a, b, Kurve 11)

Der 11. Regionaltyp, der wie der 10. Niederschlagstyp durch hohe Sommerwerte und rasches Ansteigen der Regenmenge ausgezeichnet ist, ist wiederum ein Westküstentyp. Er ist aus den Stationen 288—296 ermittelt worden, die südlich von 15^0 nördlicher Breite und bis zur Südspitze der Halbinsel im Küstensaum liegen. Aus der Lage der Hauptregenzeit sowie aus dem Verlauf von Kurve 10 entnehmen wir, daß der Südwestmonsun an der ganzen Westküste den Hauptteil der Niederschläge von Juni bis September bringt.

Dieser 11. Regionaltyp unterscheidet sich aber dann von dem vorangehend betrachteten 10. Niederschlagstyp schon durch die kürzere Trockenperiode (Dezem-

Tafel XI^a

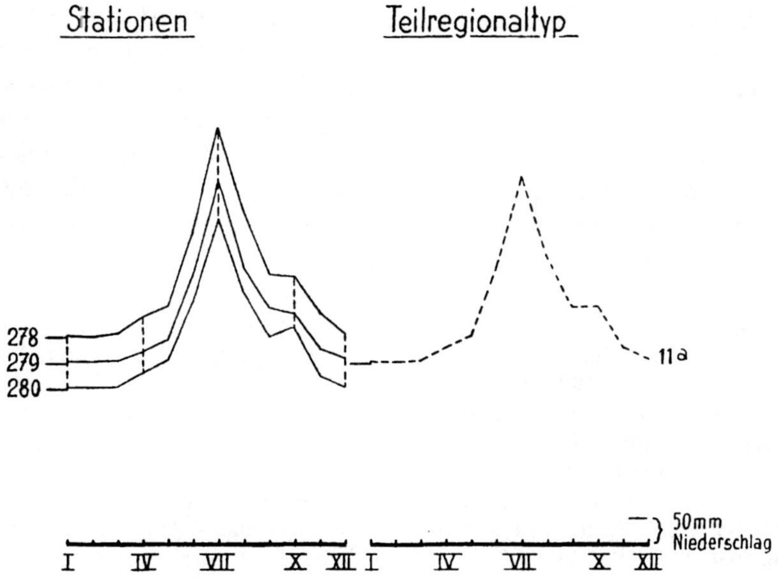

ber bis März) und die gleichgroße Regenmenge von Juni und Juli; doch erst die Verlängerung der Hauptregenzeit bis zum Herbst (Oktober) bestimmte vollends die Aufstellung dieses 11. Regionaltyps. Die Andeutung eines sekundären Maximums war maßgebend für seine Einordnung in diese zweite Großregion. — Dieser Herbstregen ist Zenital- und Zyklonenregen. Ramakrishnan[1]) konnte bei der Untersuchung der Sturmbahnen aus dem Bengalischen Meer feststellen, daß sich die Zyklonenregen von der Ostküste sogar durch den Palghat bis Mangalore auswirken. Auch Blanford[2]) weist auf diese 40 km breite Öffnung in den Westghats hin, die eine ungehinderte Passage der östlichen und westlichen Monsune ermöglicht. Außerdem schreibt Blanford[3]) das sekundäre Maximum im Oktober dem beträchtlichen Einströmen nach der warmen Spitze der Halbinsel zu.

Der Vergleich der einzelnen Kurvenbilder zeigt dann die verschiedene Stärke der Oktoberregen und auch der Sommerniederschläge, so daß ich deshalb nach dem Verhältnis dieser beiden Höchstwerte die weitere Gliederung dieses Gebietes vorgenommen habe.

a) Teilregionaltyp des Ostabhanges der Westghats.

(Kurve 11a)

Die Betrachtung der ersten Gruppe von Diagrammen 278—280 ergibt, daß das absolute Maximum im Juni durch den gleichmäßig steilen Anstieg vom Mai und die ebenso plötzliche Abnahme der Regenfälle zum September zu einer scharfen Spitze geformt ist. Der weitere Verlauf zeigt dann wie der Regionaltyp (11) gleichgroße Regenmengen im September und Oktober.

Dieser Teilregionaltyp 11a kennzeichnet den Ostabhang der Westghats in 600 bis 900 m Höhe. Nach den drei Kurvenbildern 278—280 verläuft der Jahresgang der Niederschläge übereinstimmend in dieser langgestreckten Zone. Recht deutlich erkennen wir an der Höhe der Sommerwerte, wie abgeschwächt der Monsunregen im Vergleich zur Luvseite des Gebirges ist. Im absoluten Betrag ist auch der Oktoberniederschlag in dieser Teilregion (11a) am geringsten. Relativ beträgt er durchschnittlich ein Drittel der Sommerwerte. Diese geringe absolute Menge möchte ich zum Teil auf die nördliche Lage der Stationen (278—280) zurückführen. Dadurch sind sie dem Einfluß der Zyklonenregen entrückt, denn die Zahl der Depressionen, die von der Arabischen See nach Osten und in die zentralen Teile der Halbinsel wandern, ist nach den Angaben von Walker und Kamesvara Ray[4]) sehr gering. Außerdem verschiebt sich durch diese Breitenlage auch der Eintritt des Zenitalregens auf den September.

---

[1]) P. K. Ramakrishnan, The Rainfall in the Indian Peninsula associated with Cyclonic Storms from the Bay of Bengal during the Post Monsoon and Early Winter Season. Ind.Met. Dept. Scientif. Notes VII/74, Simla 1937, Kartenanhang.

[2]) H. F. Blanford, A Practical Guide to the Climates and Weather of India, Ceylon and Burmah and the Storms of Indian Seas; London 1889, S. 177.

[3]) H. F. Blanford. The Rainfall of India, S. 78.

[4]) G. T. Walker and J. C. Kamesvara Ray, Rainfall Types in India in the Cold Weather Period, December 1 to March 15; Memoirs of the Indian Meteorological Department, Vol. XXIV, Part XI, Calcutta 1925, S. 348.

b) Teilregionaltyp der Nord-Malabarküste.

(Kurve 11 b_1 und b_2)

Für die Aufstellung des zweiten Teilregionaltyps (11b) ist keine Vergrößerung der Oktoberregen, vielmehr der besonders hohe Wert des absoluten Maximums in den Stationen 288—293 maßgebend, denn damit zeigt sich ein anderes Verhältnis der Sommerregen zum Oktoberniederschlag. Klar hebt sich dadurch die Luvseite der Westghats gegen den Südwestmonsun von dem Ostabhang ab.

Eine weitere Aufteilung der Stationen 288—293 habe ich dann nach der Form der Kurvenspitze durchgeführt. Wie im Regionaltyp der Konkanküste (10) lassen sich die Diagramme (288—290) mit scharfen, hohen, symmetrischen Spitzen von den etwas breiteren Kurvengipfeln, die maximale Werte in zwei Sommermonaten (Juni und Juli) anzeigen, trennen. Danach unterscheiden sich wieder Stationen, die höher als etwa 1500 m liegen ($11b_1$), von denen im Küstensaum ($11b_2$).

c) Teilregionaltyp der Süd-Malabarküste.

(Kurve 11 c)

Das kennzeichnende Merkmal des dritten Teilregionaltyps (11c) ist der verstärkte Oktoberregen, wie an der Herausbildung des sekundären Maximums in den Diagrammen 294 bis 296 zu erkennen ist. Diese drei Stationen (294—296) liegen noch südlicher als die vorangehend untersuchten, sie reihen sich ab 12° nördlicher Breite in dem Südwestküstensaum aneinander.

Weitere Einzelheiten gewinnen wir dann aus der Betrachtung dieser drei Kurvenbilder (294—296) und ihrem Vergleich mit den beiden vorangehenden Teilregionaltypen (11a und 11b): und zwar besteht erstens eine Differenz innerhalb dieser dritten Gruppe von Stationen im Eintritt des absoluten Maximums derart, daß 294 und 295 schon im Juni den Höchstwert erhalten, während 296, der Palghat, nur wenig weiter landeinwärts eine Verspätung um einen Monat zeigt. Dann möchte ich zweitens hervorheben, daß sich diese südliche Gruppe (11c) außer durch den stärkeren Oktoberregen noch durch den frühen Beginn der Niederschlagsperiode von den vorangehend untersuchten und nördlicher gelegenen Teilregionen (11a und 11b) unterscheidet. Dies ist „eine Lokalerscheinung Ceylons und Südindiens ... und ... auf äquatoriale Luftbewegungen", den „kleinen Monsun" im April/Mai zurückzuführen.[1]) Diese seltenen Regenfälle in der heißen Zeit sind „an einzelne heftige Gewitter geknüpft, die ihre Existenz dem Übereinander eines kühlen, trockenen Nordwestwindes und der unteren, warmfeuchten Seewinde verdanken und mit lokalen Tiefdruckzonen verknüpft sind."[2])

Schließlich möchte ich noch die Zunahme der Oktoberregen nach Süden an dem Verhältnis dieser Regenhöhen zu dem absoluten Maximum in dieser Region angeben. Es ist im Norden in Station 294 und 295 3:1, aber durch die Abnahme der Sommerregen und der gleichzeitigen Vergrößerung der Herbstniederschlags-

---

[1]) K. Helbig, a. a. O., S. 253.

[2]) H. Flohn, Witterungs-Singularitäten im Monsunklima Indiens; a. a. O., S. 290.

menge wird in 297 im Südteil der Halbinsel fast die gleiche Höhe beider Maxima erreicht. Diese Station 297 liegt ganz an der Südspitze der Halbinsel. Durch die geringen Differenzen zwischen dem Sommer- und Herbstregen nimmt sie eine Sonderstellung ein. Wir finden hierin schon Merkmale angedeutet, die zu der doppelten Regenperiode an der Westküste Ceylons überleiten.

12 A, B) Regionaltypen von Süd-Gujerat und Berar.

(Tafel XIIa, b. Kurve 12 A, B)

Die Niederschlagstypen 12 A und 12 B werden wie der vorhergehend betrachtete Malabarküstentyp (11) in die II. Großregion der Sommer- und Herbstregen einbezogen.

Die nächstliegende Frage ist nun die nach der räumlichen Anordnung dieser Niederschlagstypen. Sie grenzen nicht aneinander, sondern wir finden jene 11. Region an der Südwestküste sich von Norden nach Süden hinziehend, und die 12. (A und B) erstreckt sich über Zentralindien von Nordwesten, von dem Küstenwinkel am Golf von Cambay nach Südosten bis in das Godavarital. Wie jenes Gebiet sich an das Sommerregengebiet der Konkanküste anlehnt, so dieses an das viel ausgedehntere Gangesgebiet.

Übereinstimmend mit der Malabarküstenregion (11) fällt die größte Regenmenge im Juli. — Die wesentlichsten Merkmale der Region 12 A und 12 B beschränken sich im übrigen auf folgende drei Züge: die Andeutung einer sekun-

Tafel XII a

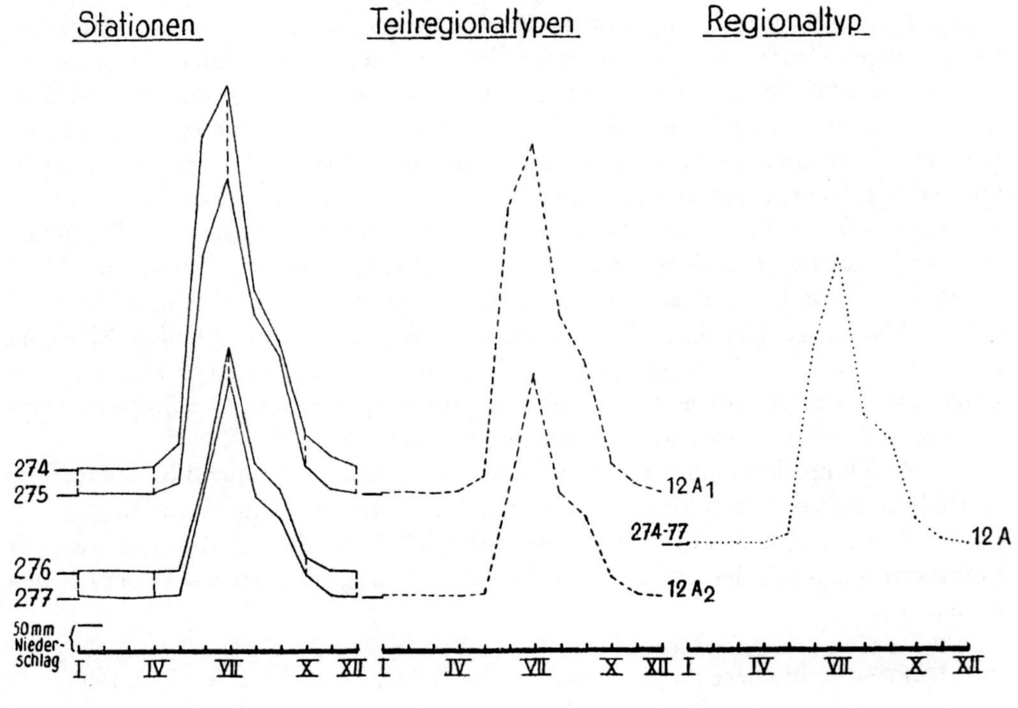

Tafel XIIb

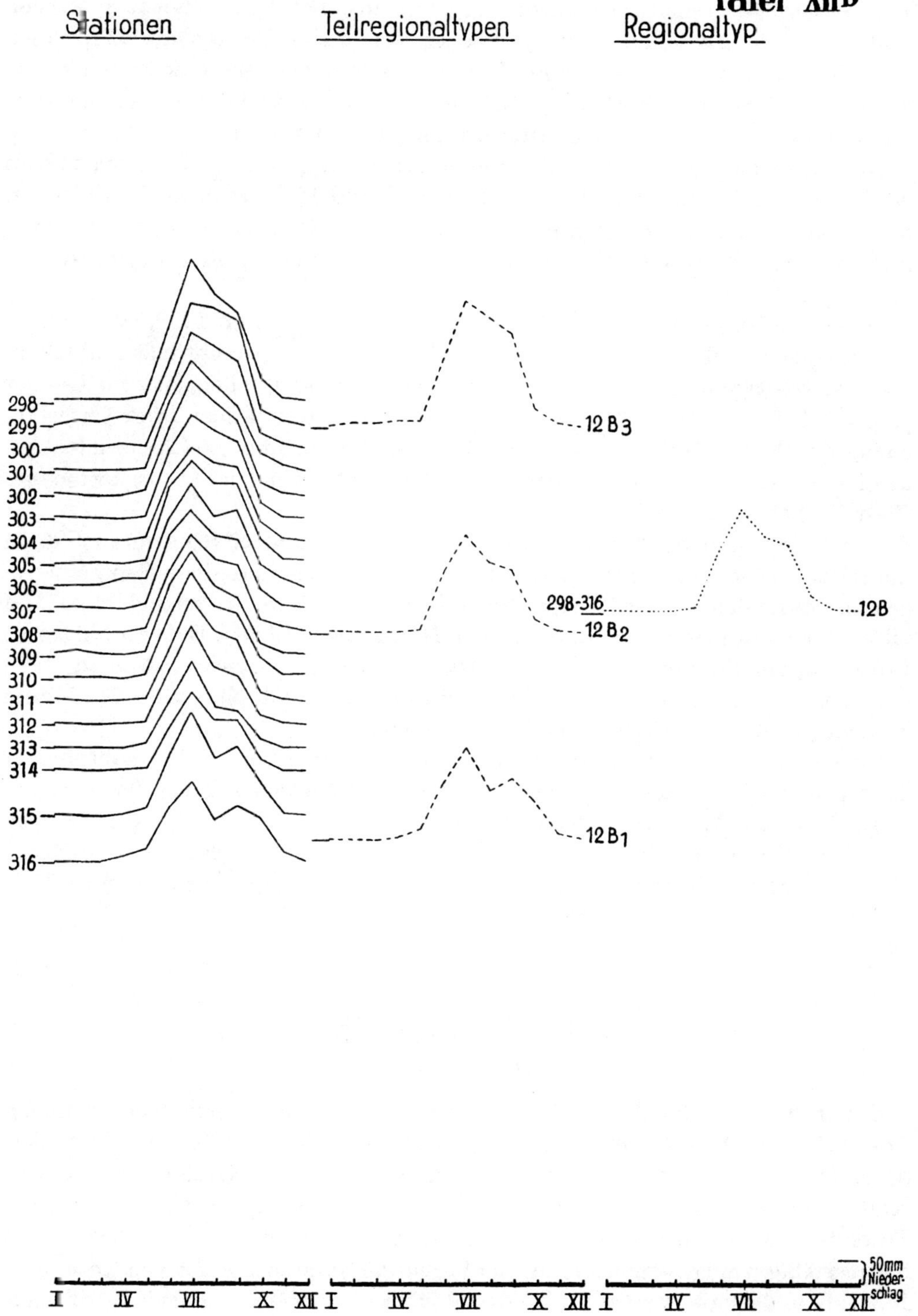

Stationen
Teilregionaltypen
Regionaltyp
298
299
300
301
302
303
304
305
306
307
308
309
310
311
312
313
314
315
316
12 B3
298-316
12 B2
12 B
12 B1
50mm Nieder-schlag
I IV VII X XII
I IV VII X XII
I IV VII X XII

dären Regenzeit fällt im Gegensatz zum 11. Niederschlagstyp nicht in den Oktober, sondern in den September. — Die Region 12 B zeichnet sich durch eine besonders geringe absolute Niederschlagsmenge aus. Die an der Küste gelegenen Stationen 274—277 (Region 12 A) weichen von diesen Werten ab. Sie weisen einen Niederschlag von 550 mm im Juli auf, das bedeutet also eine Zunahme um 320 mm. — Das letzte Merkmal ist die um zwei Monate verkürzte Regenperiode; sie erstreckt sich nur noch von Juni bis September/Oktober.

Da diese weitgehenden Übereinstimmungen im Eintritt der Extrema und in der Länge der Regenzeit in den Regionen 12 A und 12 B bestehen, führe ich zunächst diese gemeinsame Betrachtung durch. Nur die Differenzen in der absoluten Regenmenge bewirken die Unterteilung des Gebietes in die beiden Regionen 12 A und 12 B.

Die Erklärungen für die Veränderungen von der 11. zur 12. Niederschlagsregion ergeben sich aus der Lage dieses Gebietes. Daß überhaupt maximale Sommerniederschläge in dieser meist zentral gelegenen Region fallen, ist zum Teil der geringen Höhe der Westghats in ihrem nördlichen Teil und dann ihrer Unterbrechung durch das Taptitiefland zuzuschreiben. Die feuchten Südwestwinde können landeinwärts strömen, da auch die nördlich angrenzenden Satpuraketten von Westen nach Osten verlaufen.

Aus der höheren Breitenlage dieser Regionen 12 A und 12 B möchte ich dann die relativ frühe Beendigung der Herbstregen erklären und diese Septemberregen hauptsächlich auf Zenitalregen zurückführen. Ihr Eintritt verschiebt sich im allgemeinen mit dem Gang der Sonne von Norden nach Süden. Daher erhält jenes Gebiet an der Südwestküste erst im Oktober den Höchstwert, während diese nahe dem Wendekreis gelegenen Stationen 274—277 und 298—316 nur bis zum September relativ stärkere Regenfälle verzeichnen.

Eine größere Zahl von Einzelheiten werden wir nun durch die Betrachtung der Teilregionaltypen dieser Regionen 12 A und 12 B gewinnen. Nach der verschiedenen Höhe der Augustregen habe ich die Region von Berar (12 B) in drei Gebiete von Nordwesten nach Südosten aufgeteilt. — Die erheblich kleinere Küstenzone (12 A) wurde, wie Region 10, nach der Form der Kurvenspitze in die beiden Teilregionen 12 A_1 und 12 A_2 gegliedert.

12 A) Regionaltyp der Nord-Konkanküste.

(Kurve 12 A)

Die an der Nord-Konkanküste und am Golf von Cambay gelegenen Stationen 274—277 zeichnen sich vor denen in den zentralen Teilen des Nord-Dekhan sogar durch fast dreimal so großen Juli- wie Septemberregen aus. Doch die hier auftretenden Sommerwerte sind kleiner als in den mittleren Partien der Westküste. Besonders die beiden Stationen 276 und 277 (Teilregionaltyp 12 A_2) erhalten verhältnismäßig wenig Sommerregen. Sie liegen im Mündungsgebiet von Tapti und Narbada und somit in einer Tieflandzone, über die der Monsun nach Berar landeinwärts strömt.

Der Teilregionaltyp 12 A_1 ist durch stärkeren Sommerregen und einen kleineren Unterschied zwischen Juni- und Julibetrag ausgezeichnet. Beide Stationen 274 und 275, aus denen durch Mittelbildung dieser Niederschlagstyp (12 A_1) konstruiert wurde, liegen in sehr verschiedener geographischer Breite im Konkanküstensaum vor den Ghats, 274 in 19° nördlicher Breite und 275 drei Breitengrade südlicher. Danach grenzt nur Station 275 im Süden an die Teilregion 12 A_2. 274 liegt sogar innerhalb der Konkanküstenregion (10). Eine Erklärung für ihre Sonderstellung ist nicht ersichtlich, sie läßt sich möglicherweise nur durch genaueste Kenntnis der lokalen Verhältnisse finden.

B 1) Teilregionaltyp des nordöstlichen Abschnittes der Westghats.

(Kurve 12 B_1)

Die beiden Kurvenbilder 315 und 316 unterscheiden sich von den übrigen Diagrammen der Region 12 B vor allem durch die scharfe Ausprägung des Augustminimums. Sie ist in Station 316 auch mit einer außerordentlich geringen absoluten Regenmenge von 90 mm verbunden. Diese beiden Stationen (315 und 316) liegen auf der Ostseite der Westghats, wie auch die Verringerung der absoluten Regenmenge um 350 mm zeigt.

B 2) Teilregionaltyp der Satpuraketten und ihres südlichen Vorlandes.

(Kurve 12 B_2)

Eine größere Anzahl von Diagrammen (301—314) wurde zu dem zweiten Teilregionaltyp 12 B_2 zusammengefaßt. Diese Stationen nehmen den weitaus größten Teil der Region 12 B ein. Dieses Gebiet (12 B_2) erstreckt sich von dem Vindhya-Gebirge über die Satpura- und Gawilgarhketten und reicht nach Süden bis an den Oberlauf der Godavari. Damit beherrscht dieser Teilregionaltyp (12 B_2) ausschließlich zentral gelegene Landschaften.

An Veränderungen im Jahresgang der Niederschläge erkennen wir durch den Vergleich mit Kurve 12 B_1 erstens eine Abnahme der absoluten Oktoberregenmenge. Sie bewirkt eine Verkürzung der Niederschlagsperiode um einen Monat. Zweitens bildet die Zunahme des Augustbetrages ein unterscheidendes Merkmal. In diesen Kurvenbildern 301—314 zeigt sich meist nur eine schwächere Einkerbung.

Beim Vergleich der einzelnen Diagramme 301—314 stellen wir dann noch kleine Differenzen im Grad dieser Einkerbung fest. Es tritt eine Verschärfung in der Reihenfolge von 301—314 ein. Diese Veränderung läßt sich aber nicht in bestimmter Anordnung innerhalb dieser Teilregion (12 B_2) verfolgen. Unter Berücksichtigung der unterschiedlichen Oberflächengestalt dieser zentralen Teilregion ist es sogar erstaunlich, daß meist nur so feine Unterschiede zwischen den einzelnen Kurvenbildern (301—314) vorliegen.

Tafel XIII

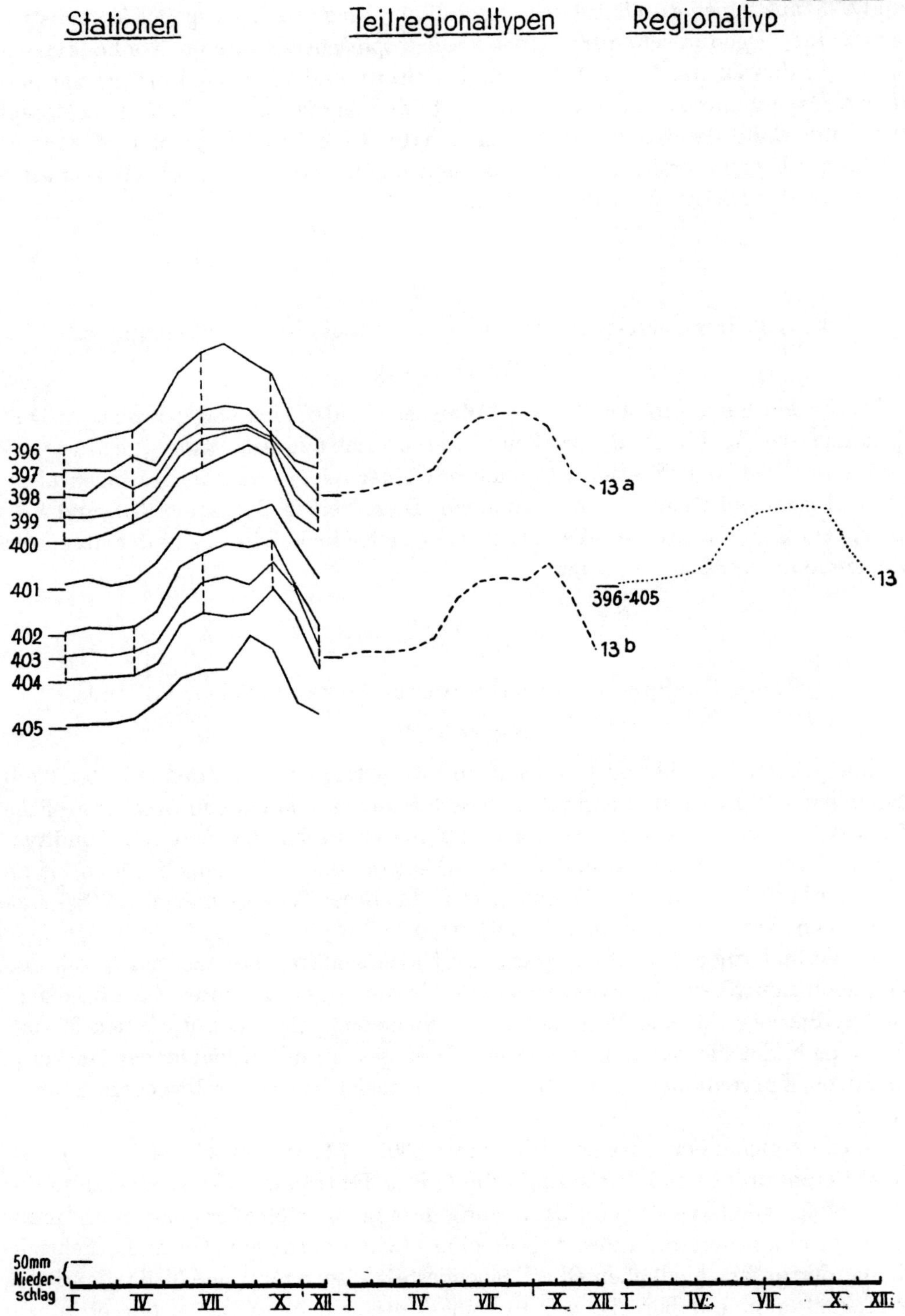

Stationen
Teilregionaltypen
Regionaltyp
396
397
398
399
400
401
402
403
404
405
13 a
13 b
13
396-405
50mm Nieder-schlag
I
IV
VII
X
XII
I
IV
VII
X
XII
I
IV
VII
X
XII

12 B 3) Teilregionaltyp des Godavarimittellaufes.

Kurve 12 B_3)

In der Kurvengestalt 12 B_3, die aus den drei Stationen 298 bis 300 ermittelt wurde, fehlt völlig eine Einkerbung im August. Dafür erkennen wir eine gleichmäßige Abnahme der Regenmenge von Juli bis September, wie sie auch schon in den Diagrammen 301—303 der vorangehenden Teilregion (12 B_2) angedeutet ist. — Dann stellen wir aber zum Unterschied zu allen Stationen der Gruppen 12 B_1 und 12 B_2 eine Zunahme in der absoluten Sommerregenmenge fest. Der Julibetrag ist um durchschnittlich 50 mm und der des August sogar um 100 mm gestiegen.

Die beiden Veränderungen erklären sich aus der Lage dieser Stationen in größerer Höhe der Nordostküste. Sie erhalten im Sommer Feuchtigkeit von dem durch das Godavaritiefland einströmenden Bengalenstrom.

Ganz besonders wenig unterscheidet sich dieser Teilregionaltyp 12 B_3 von dem nördlich angrenzenden Typ 6b jener ersten Großregion. Es tritt in dieser südlichen Zone nur eine sehr geringe Erweiterung der Sommerregenperiode zum Herbst hin ein. Diese bemerkenswert kleinen Veränderungen erklären sich aus der Lage dieser beiden Stationengruppen 12 B_3 und 6b im Norden beziehungsweise in der Mitte des Godavaristromlandes. Beide Gebiete erhalten gleichmäßig von dem Bengalenstrom Feuchtigkeit, da ein orographisches Hindernis fehlt.

13. Regionaltyp der Nord-Koromandelküste.

(Tafel XIII, Kurve 13)

Der weitgespannte, meist konvex geformte Kurvenbogen dieses 13. Regionaltyps ähnelt sehr stark jener kuppigen Kurvengestalt des Gangesdeltas (Region 1). Diese Erweiterung der Regenperiode zum Herbst hin fanden wir schon in den beiden Stationen 70 und 71 des Mahanadideltas angedeutet. Von dieser Grenze der vorherrschenden Sommerregen an stellen wir nun in dem ganzen südlich daran anschließenden Nordabschnitt der Koromandelküste die erhebliche Verlängerung der Regenzeit auf den Herbst fest. Nach Süden erstreckt sich das Gebiet (13) bis zur Einbiegung der Küste in die meridionale Richtung in 16° nördlicher Breite. Landeinwärts wird die Zone durch die bis zu 1200 m Höhe aufragenden Ostghats begrenzt und somit auf einen schmalen Küstensaum eingeengt. Zunächst werde ich nun der Ursache dieser verstärkten Herbstniederschläge nachgehen. Sie sind früher irrtümlich dem Einsetzen des Wintermonsuns[1]) zugeschrieben worden. Doch „der wahre Nordostmonsun ist ein trockener Landwind, während diese Nordostströmung noch als rückkehrender Ast zu dem zyklonalen System des Südwestmonsuns gehört“[2]). Flohn führt dazu weiter aus, daß sich die Konvergenzzone aus Bengalen und dem Gangestal beim Monsunrückzug im Oktober-

[1]) H. F. Blanford, The Rainfall of India, S. 77.

[2]) H. Flohn, a. a. O., S. 290.

November südwärts über die Bucht von Bengalen verlagert und damit die Koromandelküste in den Bereich östlicher Winde kommt. — Diese Frontalzone begünstigt die Ausbildung der Zyklonen[1]) und, „wie Newnham und Normand gezeigt haben, haben die Monate Oktober und November die meisten Stürme. Außerdem liegt das Entstehungsgebiet der Oktober- und Novemberzyklonen über dem Südteil des Golfs; so hat die Zyklone in dieser Zeit eine längere Meeresbahn, um sich als kräftiger Sturm zu entwickeln."

Weil der kenternde Südwestmonsun und die Zyklonen zusammen im Herbst Niederschläge bringen, tritt in dieser Zeitspanne eine Erhöhung der absoluten Regenmenge ein. Sie übersteigt in diesem Küstenabschnitt doch nur zum Teil den Sommerregenwert. Diese meist geringen Regenfälle von Juni bis September stehen in besonders großem Gegensatz zu den hohen Beträgen jener Westküstenstationen. Auch die Nord-Koromandelküste wird von einer Gebirgsbarriere begleitet, so daß danach stärkerer Steigungsregen zu erwarten wäre. Aber hier fehlt der senkrecht dazu gerichtete Luftstrom. Der vorwiegend aus dem Süden kommende Bengalenstrom trifft nur im spitzen Winkel auf diesen Küstensaum. Daher wird auch nur ein Teil dieser Luftmassen von den Ostghats zum Aufstieg gezwungen.

Eine sehr große Zahl von Einzelheiten, die durch die Mittelbildung verdeckt wurden, können wir nun an Hand der Teilregionaltypen und Stationendiagramme verfolgen.

a) Teilregionaltyp des Vorlandes der Ostghats.

(Kurve 13a)

Die erste Gruppe von Stationen 396—400 zeigt ein gleichmäßiges, sehr langsames An- und Abschwellen der Regenmenge und ein nur schwaches Maximum im Hochsommer. Dieser Jahresgang der Niederschläge charakterisiert die Vorlandszone der Ostghats und trennt davon einen ganz schmalen Küstensaum ab.

Außer in diesem Grundmerkmal stimmen die einzelnen Kurvenbilder sehr wenig überein, wie schon die verschiedene Lage des Höchstwertes zeigt: in 396 und 397 im August, 398 auf Juli und September verteilt und in 399 und 400 sogar auf den ersten Herbstmonat verschoben. Diese großen Unterschiede bestehen hier sogar noch zwischen langjährigen Reihen, denn außer in Station 397 (über 20 Jahre) liegt gleichmäßig eine Beobachtungsperiode von mehr als vierzig Jahren zugrunde. Möglicherweise werden diese Veränderungen, wie wir sie auch für kürzere Zeitabschnitte auf Tafel 9 (Station 401) verfolgten, durch die Zyklonenregen hervorgerufen. Denn die Zyklonenbahnen variieren innerhalb ihres Hauptwirkungsbereiches sehr stark, und außerdem fallen die heftigen Niederschläge nur in zwei scharf getrennten Gebieten von geringer Ausdehnung: das eine liegt in der Nähe der Sturmbahn und das andere auf der rechten Seite.[2])

---

[1]) C. S. Yao, Regeneration einer Bengalenzyklone über China; Met. Z., Bd. 56, 1939, S. 437.

[2]) P. K. Ramakrishnan, a. a. O., S. 73.

b) Teilregionaltyp der Nordostküste.

(Kurve 13b)

In der ersten Hälfte des Jahres von Januar bis Juli gleicht der Jahresgang der Niederschläge dem vorangehenden Teilregionaltyp 13a. Dann aber nimmt der Regen nach einer schwachen Einkerbung im September weiter zu bis zum absoluten Maximum im Oktober. Der steile Abfall zum Winter zeigt dann den plötzlichen Übergang zur regenarmen Zeit. Diese stärkere Heraushebung des Oktoberwertes beruht zum Teil auf der Abnahme der Spätsommerregen, wie es an der Erweiterung und Vertiefung der Einkerbung im August beziehungsweise September in 403 und 404 klar zu erkennen ist. Diese Verschiebung des Maximums an der Küste auf den Oktober wird auf einer Karte der „Monate des größten Niederschlags" von Krebs[1]) bestätigt.

Der Vergleich der einzelnen Stationendiagramme zeigt, wie bei der Gruppe 396—400, verschieden geformte Kurvenspitzen. Die beiden Kurvenbilder 403 und 404 sind hierbei durch ihre besonders große Übereinstimmung hervorzuheben. Sie liegen auch nahe beieinander im nördlichen Teil des Kistnadeltas.

Tafel XIII a

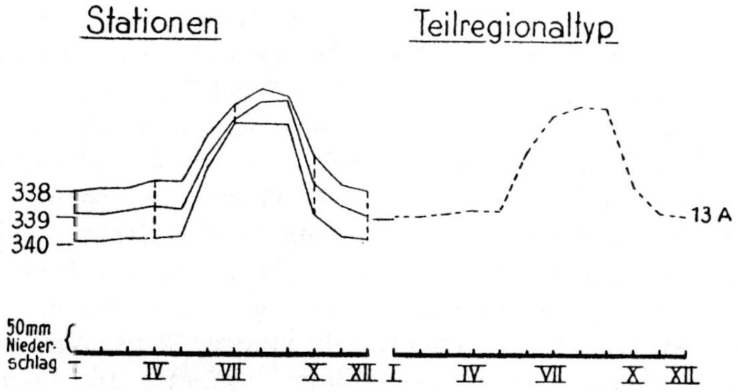

13 A) Teilregionaltyp von West-Hyderabad.

(Tafel XIII a, Kurve 13 A)

In West-Hyderabad zwischen dem Mittellauf von Kistna und Godavari in etwa 78° östlicher Länge liegen drei Stationen 338—340, die durch das Auftreten von Sommer- und Herbstregen ebenfalls noch zur II. Großregion hinzugerechnet werden müssen. Diese Teilregion (13 A) weist aber soviel Besonderheiten auf, daß sie nicht in eine der Regionen einzufügen war. Die maximalen Niederschläge verteilen sich in diesem Gebiet recht gleichmäßig auf die Periode Juli bis September. Daraus erkennen wir, daß dies eine Übergangsteilregion ist. Sie bildet, wie auch die Karte zeigt, das Zwischenglied zwischen den stärkeren Herbstregen der Nordostküste (Region 13) und dem überwiegenden Sommerregen der westlichen Regionen 11 und 12 des Nord-Dekhan.

[1]) N. Krebs, a. a. O., Karte 9.

In Keilform schiebt sich diese Teilregion (13 A), gebildet durch das Aneinanderreihen der drei Stationen (338—340), in meridionaler Richtung gegen den Kistnamittellauf vor. Sie endet in der gleichen Breite von 17°, mit der annähernd die Einbiegung der Ostküste in die nordsüdliche Richtung beginnt und auch die Nord-Koromandelküstenregion (13) ihre Südgrenze findet. An dieser Stelle zeigt sich damit wiederum, wie einschneidend sich dieser Wechsel im Küstenverlauf bei konstanter Windrichtung auf den Jahresgang der Niederschläge auswirkt.

Für den stärkeren Sommerregen dieser drei Stationen mag in Anbetracht ihrer größeren Entfernung von der Küste ihre Höhenlage von über 600 m entscheidend sein. Die beiden Stationen 338 und 339 liegen sogar bis zu 900 m hoch.

III. Großregionaltyp: Herbst- und Frühsommerregen in Süd-Indien.

Die Aufspaltung der Regenperiode in zwei voneinander getrennte Jahreszeiten ist das hervorstechende und entscheidende Merkmal für die Zusammenfassung der Stationen 317—337, 341—359 und 362—372 zu dem III. Großregionaltyp. Sie zeigt sich in den Kurvenbildern durch die klare Verlagerung des absoluten Maximums auf den Herbst und den Eintritt eines sekundären Höchstwertes im Frühling oder Frühsommer. Außerdem unterscheiden wir eine ausgeprägtere Trockenzeit zwischen diesen beiden Regenperioden im Winter von einem zweiten Minimum im Sommer, in dem nur einige Monate mäßigere Feuchtigkeit erhalten.

Dieser Jahresgang der Niederschläge charakterisiert die südlichen und zentral gelegenen Partien der Halbinsel, im wesentlichen das Dekhanhochland. Das Gebiet grenzt somit im Westen und Norden an jene II. Großregion der Sommer- und Herbstregen. Der Übergang zur verschärften Trennung der Herbst- und Frühsommerniederschläge zeigt sich in sehr verschiedener Weise. Es wird jedoch in hervorragendem Maße durch die orographischen Grenzen dieser Großregion (III) bestimmt. Die Westghats erweisen sich dabei als die stärkste Typenscheide, denn auf kleinste Entfernung beobachten wir die größten Gegensätze. Die große Höhe (über 1500 m) und Geschlossenheit der Westghats bewirkt diese scharfe Ausprägung von Luv- und Leeseite.

Im Norden und Osten dagegen wird weder durch die Begrenzung des Dekhanhochlandes gegen das Stromgebiet der mittleren und oberen Godavari noch durch die niedrigen, reichlich zertalten Ostghats eine plötzliche Veränderung in der jahreszeitlichen Verteilung der Regenfälle hervorgerufen. Besonders im Norden werden wir langsame Übergänge an Hand der Kurvenbilder verfolgen können.

Innerhalb dieser III. Großregion unterscheiden wir eine besonders große Zahl sehr verschiedener Regionaltypen. Diese Kleingliederung steht damit im Gegensatz zur Großräumigkeit der nordindischen Niederschlagsregionen. Die Unterschiede sind in erster Linie bedingt durch die Oberflächengestalt. Jene weitausgedehnten alluvialen Ebenen von Ganges und Indus sind im Relief erheblich einförmiger als die Zentralregion.

Um nun die zahlreichen Varianten und die mannigfaltigen Übergänge übersichtlich zur Darstellung bringen zu können, habe ich erst noch die Zusammenfassung aller Regionaltypen in zwei Gruppen durchgeführt. Sie bewirkt eine Trennung in Nord- und Südteil der Großregion und gestattet schon einen ersten Überblick über die Differenzen in der Ausbildung der doppelten Regenperiode.

Außer diesen Grundzügen wird uns dann erst die Betrachtung kleinerer Stationengruppen weiter ins Detail führen.

A. Regionaltypen des Nord-Dekhan.

(Tafel XIV, Kurve 14 und 15)

Die erste Zweiteilung der III. Großregion wurde nach dem Eintritt der Maxima und der damit verbundenen Dauer des relativen Minimums durchgeführt. Danach bilden die Diagramme 317—337 klar eine erste Gruppe. In diesen 21 Kurvenbildern wird das absolute Maximum im September von dem relativen Höchstwert im Juni beziehungsweise Juli nur durch eine geringe Abnahme der Regenmenge im Hochsommer getrennt. Damit ist in dem nördlichen Teil dieser III. Großregion die Aufspaltung der Niederschlagsperiode nur angedeutet. Die Südgrenze des Gebietes liegt gerade wieder in der Verlängerung der Stelle nach Westen, wo die Nordostküste in die nordsüdliche Richtung einbiegt. Es ist bemerkenswert, wie weit landeinwärts sich dieser Wechsel im Küstenverlauf einschneidend in der jahreszeitlichen Verteilung der Regenfälle zeigt.

14. Regionaltyp des nordöstlichen Dekhanhochlandes.

(Tafel XIV, Kurve 14)

Die zehn Stationen 317—321, 326—330 liegen im nordöstlichen Teil des Dekhanhochlandes zwischen dem Mittellauf der Kistna und dem Godavarioberlauf. Im Süden erstreckt sich dieses Gebiet (14) von 77° bis 79° östlicher Länge. Wesentlich weiter dehnt es sich in nordwestlicher Richtung aus. Es reicht über den Oberlauf der Godavari nach Norden hinaus, schließt den Balaghat ein und findet erst durch das Taptital in 21° nördlicher Breite die nördliche Begrenzung. Im Vergleich zu den nordindischen Regionen hat dieses Gebiet eine erheblich kleinere Ausdehnung, es umfaßt sogar nur ein Drittel des nordwestindischen Trockenraumes (Region 9). Die unterschiedliche Oberflächengestalt des Dekhan und der Ostghats mit den tief eingreifenden Talungen vor allem von Kistna und Godavari ruft stärkere Differenzen in der jahreszeitlichen Verteilung der Niederschläge hervor. Von allen südindischen Regionen ist aber dieser nordöstliche Teil sogar durch die größte Ausdehnung ausgezeichnet.

Diese 14. Niederschlagsregion erhält erst im September stärkste Regenfälle. Der relative Höchstwert (Juli) weicht davon nur um 50 mm ab. Diese Lage des absoluten Maximums im ersten Herbstmonat ist außerdem nur noch in der westlich angrenzenden Region 15 zu beobachten. Nach Norden schließt sich die Großregion (I) der vorherrschenden Sommerregen an, während wir im Süddekhan noch die Verlagerung auf den Spätherbst erkennen werden. Diese breitenzonale Differenzierung entspricht der Verlagerung des Zenitstandes der Sonne, wie schon in der Malabarküstenregion (11) und Berar (Region 12) gezeigt wurde.

Ein weiteres Merkmal, das die Vereinigung dieser zehn Stationen zur 14. Niederschlagsregion bestimmte, ist die sehr geringe Abnahme der Regenmenge zwischen den beiden Extrema im Sommer. Solche relativ hohen Niederschlagswerte von Juni bis August erhält dieser nordöstliche Teil des Dekhanhochlandes, weil die vom Bengalischen Meerbusen einströmenden Luftmassen noch stark mit Feuchtigkeit beladen sind, wenn sie erst den kurzen Weg von der Küste landeinwärts zurückgelegt haben.

Durch die Aufteilung dieser Region (14) in zwei Teilregionen (14a und 14b) werden wir noch mehr Einzelheiten erkennen können; insbesondere läßt sich daran zeigen, in welchem Grade die Abstufung der Sommerregenmenge nach Nordwesten erfolgt.

a) Teilregionaltyp von Hyderabad.

(Kurve 14a)

Bei der Betrachtung der ersten Gruppe von fünf Diagrammen (326—330), aus denen durch Mittelbildung Kurve 14a konstruiert wurde, zeigt sich übereinstimmend eine noch geringere Differenz zwischen Juli- und Augustregenhöhe, als schon im Regionaltyp (14) zu erkennen war. Dieser gleichmäßige Hochsommerregen ist bedingt durch die Lage dieser östlichen Zone (14a) in besonders geringer Meeresferne. Innerhalb dieser größten Teilregion (14a) können wir nun weitere Einzelheiten durch den Vergleich der Stationendiagramme erkennen. Sie unterscheiden sich relativ stark in der absoluten Regenmenge voneinander. Es zeigt sich eine Abnahme in der Reihenfolge von 326 bis 330, die verhältnismäßig klar in 329 und 330 zu beobachten ist. Diese Differenzen stehen gerade im Einklang mit der verschiedenen Lage der beiden Stationengruppen. Die erste (329, 330) liegt im Kistnatal und damit im Regenschatten der Ostghats, während wir die Stationen 326—328 weiter im Norden in einem Gebiet finden, wo durch die breiten Talungen der Kistna und Godavari die schirmende Wirkung der Ostghats unterbrochen ist.

Die fünf Kurvenbilder 326—330 zeigen außerdem verschieden große Unterschiede zwischen Juli- und Septemberregen. In Station 328 beträgt diese Differenz nur 15 mm, sie ist in 330 20 mm mehr und steigert sich dann weiter in 329 und 327, bis sie schließlich mit etwa 90 mm in Station 326 das Maximum erreicht hat. Diese Veränderung erfolgt mit wachsender Entfernung von der Ostküste.

b) Teilregionaltyp des Balaghat.

(Kurve 14b)

Zum Unterschied von der geringen Differenz von weniger als 10 mm zwischen den Hochsommermonaten in den Kurvenbildern 326—330 bestimmte die stärkere Abnahme der Augustregen die Aufstellung des zweiten Teilregionaltyps (14b). Er wird aus den vier Stationen (318—321) gebildet, in denen der Augustbetrag durchschnittlich 40 mm kleiner ist als der Juliwert.

Tafel XIV

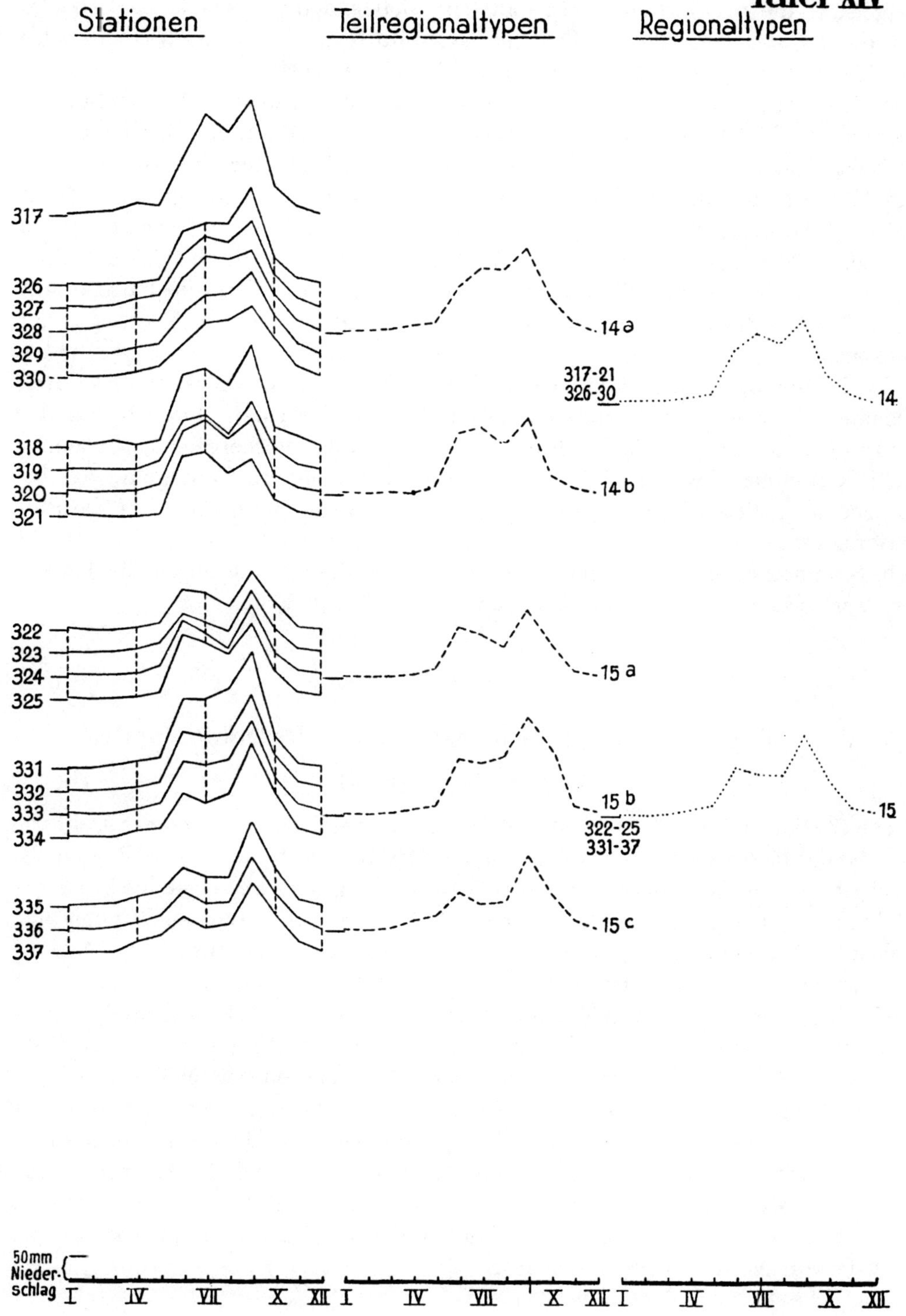

Stationen
Teilregionaltypen
Regionaltypen
317
326
327
328
329
330
318
319
320
321
322
323
324
325
331
332
333
334
335
336
337
14 a
14 b
317-21
326-30
14
15 a
15 b
322-25
331-37
15
15 c
50mm
Nieder-
schlag
I IV VII X XII
I IV VII X XII
I IV VII X XII

Der besonders kleine Unterschied zwischen Juni und Juli von nur 10 mm kennzeichnet außerdem die Kurvengestalt 14b. Diese Veränderungen im Jahresgang zeigen die vier Stationen (318—321), die sich landeinwärts an jenen östlichen Teil des Dekhan (14a) anschließen. Sie liegen im Nordwesten dieses Hochlandes auf dem Balaghat (600—900 m hoch) und in seinem Vorland.

In den vier Stationen sind die angeführten Hauptmerkmale recht gleichmäßig ausgeprägt. Die Kurvenbilder unterscheiden sich aber dadurch wiederum voneinander, daß der absolute Höchstwert zwischen Frühsommer und Herbst wechselt. Wir erkennen im einzelnen, daß Station 320, die auf dem Balaghat in 600 bis 900 m Höhe liegt, gleiche Regenmengen im Frühling und Herbst erhält. Davon weichen 318 und 319 im südöstlichen Vorland des Balaghat durch stärkeren Septemberregen ab. Die Station 321, die in größerer Nähe der Tapti liegt und damit in das Regime des Bombaystromes hineinreicht, zeigt ein leichtes Überwiegen der Juliregen.

Die Station 317 nimmt dann noch eine Sonderstellung ein. Sie ist erstens durch allgemein höhere Regenwerte ausgezeichnet. Beinahe jeder Monatsbetrag der Hauptniederschlagsperiode ist 50 mm größer als in den vorhergehend betrachteten Diagrammen. Zweitens läßt sich diese Station nicht zur Teilregion 14a hinzurechnen, in die sie ihrer Lage nach einzuordnen wäre. Durch die schärfere Einkerbung im August zeigt sich eine viel größere Ähnlichkeit mit dem Kurvenbild 14b. Sie unterscheidet sich aber auch von diesem Jahresgang durch die bemerkenswert große Differenz zwischen Juni- und Juliregenhöhe.

15. Regionaltyp des nordwestlichen Dekhanhochlandes.

(Tafel XIV, Kurve 15)

Die Stationen 322—325 und 331—337 der nordwestlichen Partien des Dekhanhochlandes liegen wesentlich weiter von der Ostküste entfernt als jene Region 14. Deshalb hat der Bengalenstrom einen längeren Weg über ansteigendes Land zurückzulegen, bevor er das Gebiet erreicht. Seine relative Luftfeuchtigkeit hat sich mit wachsender Meeresferne verringert. Dies zeigen die sehr kleinen Regenmengen des Juli und August. — In dem Kurvenbild 15 beobachten wir außerdem die Verlagerung des relativen Maximums auf den Juni. Diese beiden Veränderungen bewirken die Vertiefung und Erweiterung des relativen Minimums. Das Herbstmaximum fällt übereinstimmend mit jener östlich angrenzenden Niederschlagsregion (14) im September. Eine größere Zahl von Detailzügen gewinnen wir nun durch den Vergleich der drei Teilregionaltypen (15a—c). Für ihre Bildung waren das Verhältnis des absoluten zum relativen Höchstwert und der Kurvenverlauf von Juni bis September maßgebend. Durch diese Aufteilung der Stationen (322—325 und 331—337) stellen wir eine Veränderung im Jahresgang der Niederschläge von Norden nach Süden fest.

a) Teilregionaltyp der Sina.

(Kurve 15a)

Für die Kurvenbilder 322—325 in dem nördlichen Abschnitt ist kennzeichnend der geringe Unterschied in der absoluten Regenmenge zwischen den Extrema von durchschnittlich 40 mm. Außerdem möchte ich den Gegensatz des langsamen Abstiegs zu dem sekundären Minimum (August) und des ungleich stärkeren Anschwellens zum September besonders hervorheben.

Dieser Teilregionaltyp (15a), der das Gebiet südlich des Godavarioberlaufes um die Sina, einen kleinen Nebenfluß der Bhima, beherrscht, ist somit durch geringen Sommerregen gekennzeichnet. Verglichen mit dem nördlich angrenzenden Niederschlagstyp (14b) haben die Monsunregen merklich abgenommen. Zu erklären ist diese Veränderung möglicherweise durch die Lage der Stationen 322 bis 325 im Regenschatten der Westghats. Eine Verschärfung des Minimums tritt ein, da diese westliche Gebirgsbarriere beim Fortschreiten nach Süden an Höhe gewinnt. Zusammen mit ihrer großen Geschlossenheit verhindert sie in immer stärkerem Maße das Einströmen feuchter Luftmassen in das Innere der Halbinsel.

b) Teilregionaltyp des Bhimaoberlaufes.

(Kurve 15b)

In den Kurvenbildern 331—334 erkennen wir wesentlich größere Unterschiede des absoluten und relativen Maximums. Der September erhält sogar 12% mehr Niederschlag als der Juni. Danach wurden die vier Stationen, die um den Oberlauf der Bhima, eines größeren Nebenflusses der Kistna, liegen, zu 15b zusammengefaßt. Sie ist wie die vorhergehend betrachtete Teilregion (15a) nur von recht geringer Ausdehnung.

Vergleichen wir nun die einzelnen Stationendiagramme (331—334) miteinander, so stellen wir zunächst fest, daß die Grundzüge sehr gleichmäßig darin ausgeprägt sind. Es verändert sich aber in der Reihenfolge von 331—334 der absolute Betrag von Frühsommer- und Herbstregen. Die Station 331 nimmt durch ihre besonders hohen absoluten Niederschlagswerte eine Sonderstellung ein.

c) Teilregionaltyp des Kistnaoberlaufes.

(Kurve 15c)

Die dritte Teilregion (15c) schließt sich südlich an das vorhergehend untersuchte Gebiet an. An diesen Stationen 335—337, die am Oberlauf der Kistna liegen, hat die absolute Niederschlagsmenge fast um 50 mm in jedem Regenmonat abgenommen. Außerdem erkennen wir eine starke Heraushebung des absoluten Maximums.

Diese beiden Merkmale waren schon in dem Teilregionaltyp 156 angedeutet, sie erfahren aber in diesen drei Diagrammen (335—337) eine wesentliche Verschärfung. Damit leitet dieses Kurvenbild (15c) schon zu der bedeutend größeren Trennung von Frühsommer- und Herbstregen in den südindischen Niederschlagstypen über.

B. Regionaltypen von Süd-Indien.

(Tafel XV, Kurve 16, 17, 18)

Die Merkmale aller südindischen Niederschlagstypen sind 1. die Verlagerung der Extrema auf Mai und Oktober und 2. die geringe Höhe der Monsunregen im Juli und August. Damit tritt eine erhebliche Verlängerung und Verschärfung des sommerlichen Minimums ein.

Diese Niederschlagstypen (16, 17, 18) werden aus den Stationen 341—359 und 362—372 durch Mittelbildung gewonnen. Sie beherrschen den Südabschnitt des Dekhanhochlandes von der Kistna bis zum Cardamomgebirge.

An der Verschiebung der Höchstwerte von Norden nach Süden erkennen wir im Zusammenhang mit den nördlich angrenzenden Regionen 14 und 15, daß es sich um Zenitalregen handelt. Die Zenitstände der Sonne rücken in höherer Breite näher zusammen, und ihre größere Distanz in Süd-Indien ruft eine längere sommerliche Trockenzeit hervor.

Die vielen kleinen Abstufungen in diesem Gebiet in meridionaler und breitenzonaler Richtung werden wir aber erst an den drei Regionaltypen (16, 17, 18) und in mehreren Teilregionen verfolgen können. Wir unterscheiden danach einen nördlichen Abschnitt, der sich um etwa 15^0 nördlicher Breite sogar über die ganze Breite des zentralen Raumes erstreckt, von zwei südlichen Regionen, durch welche ein östlicher von einem westlichen Teil getrennt wird.

16. Regionaltyp des Süd-Dekhan.

(Tafel XV, Kurve 16)

In dem ersten Regionaltyp (16) aus dieser Gruppe tritt die Verschiebung des absoluten Maximums vom September auf den Oktober noch nicht vollständig ein. Beide Monate erhalten nicht sehr verschiedene Beträge, aber der September bleibt noch im Extrem. Danach zeigen die Stationen 343—350 Übergangscharakter. Ferner ist bemerkenswert, daß im Sommer in jedem Monat der gleichgroße Betrag von 10% fällt, denn dadurch unterscheidet sich Kurve 16 von allen Typen des Dekhanhochlandes, für die durchweg ein höherer Wert im Frühsommer kennzeichnend war.

Dieser langsame Übergang zu der größeren Trennung der Maxima findet im Südteil des Dekhan zwischen 14^0 und 16^0 nördlicher Breite in der ganzen Zone zwischen den Ost- und Westghats statt. Die höher als 600 m liegenden zerlappten Ränder des Plateaus von Mysore bilden den südlichen Grenzsaum dieser Niederschlagsregion (16).

Der Vergleich der einzelnen Stationendiagramme (343—350) zeigt zunächst den durchweg gleichmäßigen Verlauf aller Kurven, läßt dann aber klar nach dem genauen Eintritt des absoluten Maximums eine Zweiteilung erkennen. Danach sind die Stationen 343—347 mit der höchsten Regenmenge im September von den letzten drei Kurven (348—350) mit gleichen Niederschlagsbeträgen im September und Oktober zu trennen. Durch diese Gliederung der acht Diagramme wird in der 16. Niederschlagsregion gerade der nördliche, 300—600 m hochgelegene

Tafel XV

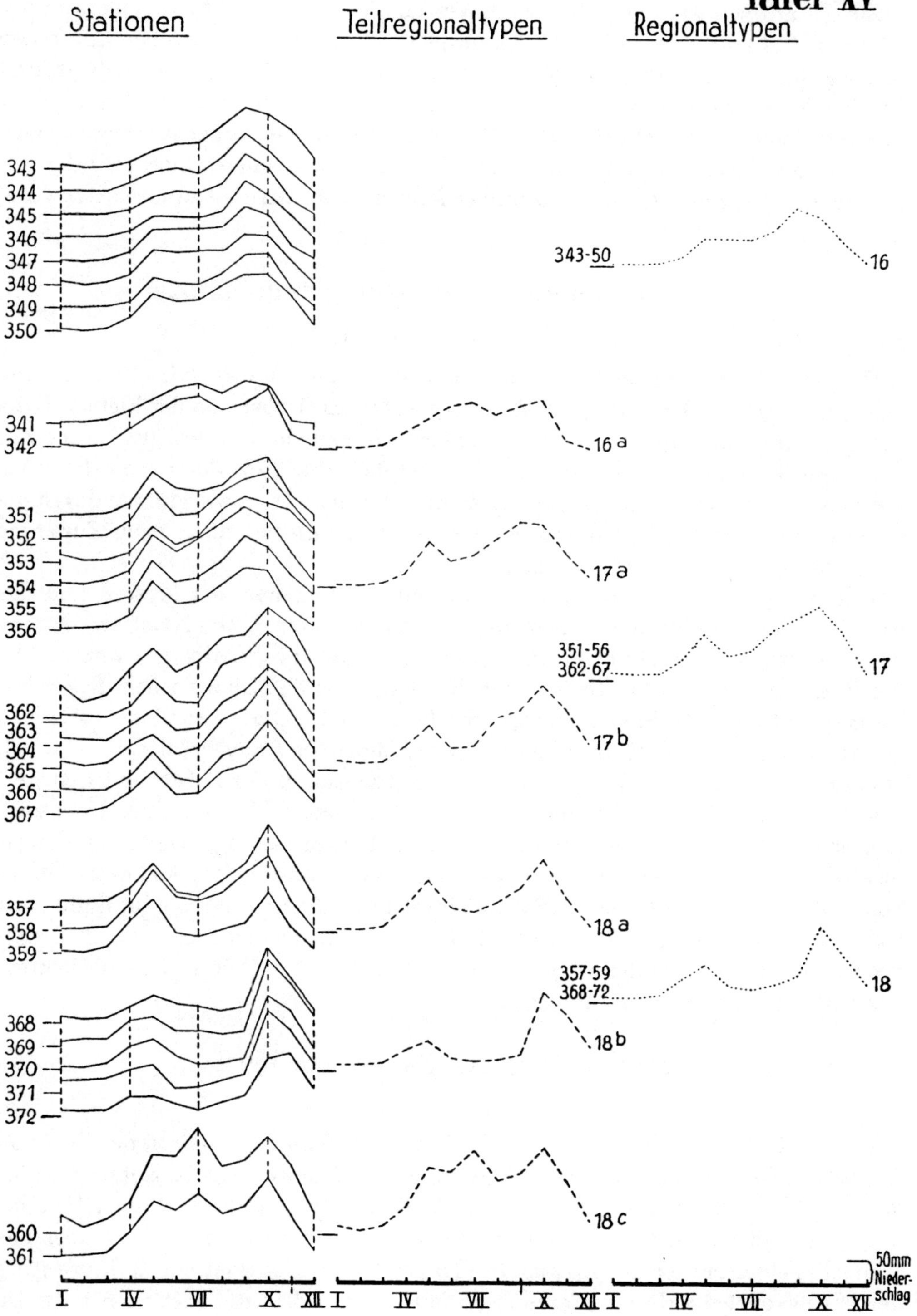

Stationen
Teilregionaltypen
Regionaltypen
343
344
345
346
347
348
349
350
343-50
16
341
342
16 a
351
352
353
354
355
356
17 a
351-56
362-67
17
362
363
364
365
366
367
17 b
357
358
359
18 a
357-59
368-72
18
368
369
370
371
372
18 b
360
361
18 c
50mm Niederschlag
I IV VII X XII
I IV VII X XII
I IV VII X XII

Abschnitt von dem südlichen, höher als 600 m gelegenen Rand des Plateaus von Mysore unterschieden.

Zwei Stationen 341 und 342, die im Westen dieser Region (16) am Oberlauf der Kistna beziehungsweise auf dem angrenzenden Plateau liegen, weichen durch den Anstieg der Niederschlagsmenge zum Juli von diesem Regionaltyp (16) ab und wurden danach zu einer Gruppe (16a) zusammengefaßt. Diese zeichnet sich ferner durch gleichgroße Regenbeträge im Sommer und Herbst, außer im August, aus. — Diese Sondergruppe habe ich gerade an dieser Stelle eingeordnet, weil die Abnahme der Regenmenge im Frühsommer fehlt und der Anstieg zum relativen Maximum im März erfolgt.

17. Regionaltyp von Südost-Indien.

(Tafel XV, Kurve 17)

Wenden wir uns nun der Betrachtung der Kurvenbilder 351—356 und 362—367 zu, so tritt uns die Trennung der Hauptregenzeit im Herbst von der kleinen Kurvenspitze im Mai entgegen. Wie eine nähere Untersuchung zeigt, beruht sie auf der doppelt so großen Regenmenge des Oktober, die 20% des Gesamtbetrages ausmacht. Diese Heraushebung des absoluten Höchstwertes wird ferner durch die weitere Abnahme der Regenmenge zum Sommer und die besonders frühe Zunahme zum absoluten Maximum unterstrichen.

Durch diesen Jahresgang wird der Ostteil des Plateaus von Mysore und das östlich daran anschließende Shevaroygebirge mit dem Cauverytiefland bis an die nordöstlichen Ausläufer des Cardamomgebirges, die Palniberge, vereint. An der Westflanke dieser 14. Region liegt die Grenze im Südteil zwischen den Palni-Bergen und dem Cardamomgebirge. Sie biegt im Palghat besonders weit nach Westen aus und verläuft dann am Fuß der Nilgiris im Cauverytal nach Norden. Im Osten wird diese Region (17) von dem Tieflandsaum der Küste und den aufgelösten, stark zertalten Ostghats begrenzt. Das relative Minimum im Hochsommer ist durch diese Begrenzung im Westen und Osten bedingt. Denn der Bengalenstrom ist hier küstenparallel gerichtet und streicht daher trotz der großen Offenheit des Landes nach Osten nicht landeinwärts. Außerdem ist der im Süden auf das Cardamomgebirge auftreffende Südwestmonsun ein trockener, weil absteigender Wind, wenn er diese im Regenschatten der über 1800 m hohen Gebirgsbarriere gelegenen Gebiete überstreicht.

a) Teilregionaltyp des Plateaus von Mysore.

(Kurve 17a)

In Anbetracht der verschiedenen Verteilung der Regenmengen in der Zeit von August bis Oktober habe ich eine Gliederung der Niederschlagsdiagramme (351 bis 356 und 362—367) durchgeführt. Die erste Gruppe von sechs Stationen (351 bis 356), zeichnet sich durch das Fehlen eines spitzen Herbstmaximums, aber das Auftreten einer breiten Kuppe aus. Die Kurve 17a charakterisiert den Jahresgang der Niederschläge auf dem Plateau von Mysore, auf dem die Stationen teilweise in 1200 m Höhe liegen.

Der Vergleich der einzelnen Kurvenbilder (351—356) ergibt, daß die Stationen 351, 352 den maximalen Betrag im Oktober erhalten, während die folgenden vier Diagramme (353—356) schon im September den Höchstwert aufweisen. Ursachen für diese sehr feinen Unterschiede lassen sich wohl kaum aus der Lage der Stationen ableiten.

b) Teilregionaltyp des Shevaroygebirges und Cauverytieflandes.

(Kurve 17b)

Die Diagramme 362—367 wurden zu dem zweiten Teilregionaltyp (17b) zusammengefügt, da die Höchstwerte durchweg im Mai und Oktober eintreten. Ferner weisen alle sechs Kurven einen kleinen Absatz im Spätsommer auf. Diese Stufe beruht auf einer besonders großen Menge im August, die sogar um 70 mm kleiner ist als der maximale Wert. Dieses Merkmal kennzeichnet in gleicher Weise die Stationen 362—367. Dies ist umso bemerkenswerter, als sie in verschiedenen Höhen liegen: sie sind auf das Shevaroygebirge, das Cauverytiefland und die Palniberge ausgebreitet. Station 367 liegt noch davon getrennt auf den Nilgiris in über 1800 m Höhe.

Der maximale Oktoberregen in diesen Stationen 362—367 hängt zum Teil ab von der Verschiebung des Zenitstandes der Sonne in dieser südlichen Zone. Ferner kommt aber die Koromandelküste zu dieser Zeit südlich der Godavarimündung in den Bereich der östlichen Winde, die beim Monsunrückzug auf der Südseite der Konvergenzzone wehen.[1]) Sie treffen im rechten Winkel auf diesen Küstenabschnitt und bringen daher auch landeinwärts höher gelegenen Gebieten Niederschlag.

18. Regionaltyp des westlichen Hochlandes von Mysore und des Cardamomgebirges.

(Tafel XV, Kurve 18)

Die Erweiterung und Vertiefung des sommerlichen Minimums ist die Hauptveränderung in den Kurvenbildern 357—359 und 368—372. Ferner nimmt aber die Regenmenge ab September plötzlich stärker zu, und die drei Herbstmonate erhalten 50% des Gesamtbetrages. Davon kommt die Hälfte auf den Extremwert im Oktober. Doch mit dem Dezember beginnt dann schon die winterliche regenarme Periode.

Durch diesen Jahresgang der Niederschläge sind alle Stationen (357—359 und 368—372), die südwestlich von der vorangehenden Zone (17) liegen und hauptsächlich auf den Anstieg zu den Nilgiris und den Ostabhang des Cardamomgebirges verteilt sind, zu einer Niederschlagsregion (18) zusammengefaßt worden. Die Verschärfung des sommerlichen Minimums erklärt sich durch die Lage dieser Stationen auf der Leeseite der über 1800 m hoch aufragenden und geschlossenen Ketten des Cardamomgebirges und der Nilgiris.[2])

[1]) H. Flohn, Witterungs-Singularitäten im Monsunklima Indiens, S. 290.

[2]) G. Simpson, The South-West Monsoon; Quart. Journal of the Royal Met. Soc., Vol. XLVII, London Juli 1921, S. 156.

a) Teilregionaltyp des Cauveryoberlaufes.

(Kurve 18a)

Die Dauer der regenarmen Sommermonate ist in der ersten Gruppe von drei Stationen 357—359 noch nicht so scharf ausgeprägt, wie in dem Regionaltyp (18). In diesem nördlichen Raum beginnt der Anstieg zum Maximum schon im August. Damit leiten diese Stationen am Fuße der Nilgiris im Cauverytal von dem nördlichen Gebiet (17a) zu einem südlicher gelegenen (18b) über.

b) Teilregionaltyp des südöstlichen Vorlandes des Cardamomgebirges.

(Kurve 18b)

Wesentlich stärker zeigt sich die Einmuldung im Sommer in Kurvenbild 18b. Die Maxima liegen nicht weiter voneinander entfernt, sondern die geringen Niederschlagsmengen von Juni bis September, monatlich weniger als 40 mm, die zusammen nur 19% des Gesamtbetrages ausmachen, trennen die Regenzeiten schärfer, besonders auch durch die zeitliche Verlängerung des sommerlichen Minimums bis zum September. Ferner tritt das relative Maximum ganz erheblich zurück. Die absolute Regenmenge des Mai ist im Vergleich zu Teilregion 18a sogar fast auf die Hälfte reduziert.

Diese Gruppe von Stationen (368—372) zeigt im einzelnen keine größeren Unterschiede. — Die Stationen liegen am Ostabhang des Cardamomgebirges. Über diese 1800 m hohe Gebirgsbarriere wird keine Feuchtigkeit durch den Südwestmonsun nach Osten getragen. Der absteigende Monsun hat vielmehr Föhncharakter, so daß dieses Gebiet auf der Leeseite der Südwestghats im Sommer das regenärmste ist.[1])

c) Übergangs-Teilregionaltyp der Höhenstationen der Nilgiris.

(Kurve 18c)

Die Stationen 360 und 361 liegen in über 1800 m Höhe auf den Nilgiris beziehungsweise auf den angrenzenden Westghats. Diese Orte sind besonders ausgezeichnet, denn sie stellen den Übergang zwischen den Regionen zu beiden Seiten der Westghats dar. Diese Zwischenstellung ist in den Kurvenbildern (360—361) zu erkennen, denn erstens tritt an Stelle des sekundären Minimums starker Sommerregen, und zweitens erkennen wir wie in Region 17 und 18 außerdem noch zwei Maxima im Mai und Oktober. Weil in diesem Gebiet (18C) die drei Regime: des kleinen Monsuns, des Südwestmonsuns und des kenternden Südwestmonsuns zusammenwirken, erhalten wir diese ausgedehnte, zugleich aber in sich unruhigste (dreigeteilte) Regenperiode vom Frühsommer bis zum Spätherbst.

---

[1]) H. F. Blanford, The Rainfall of India, S. 70.

Tafel XVI

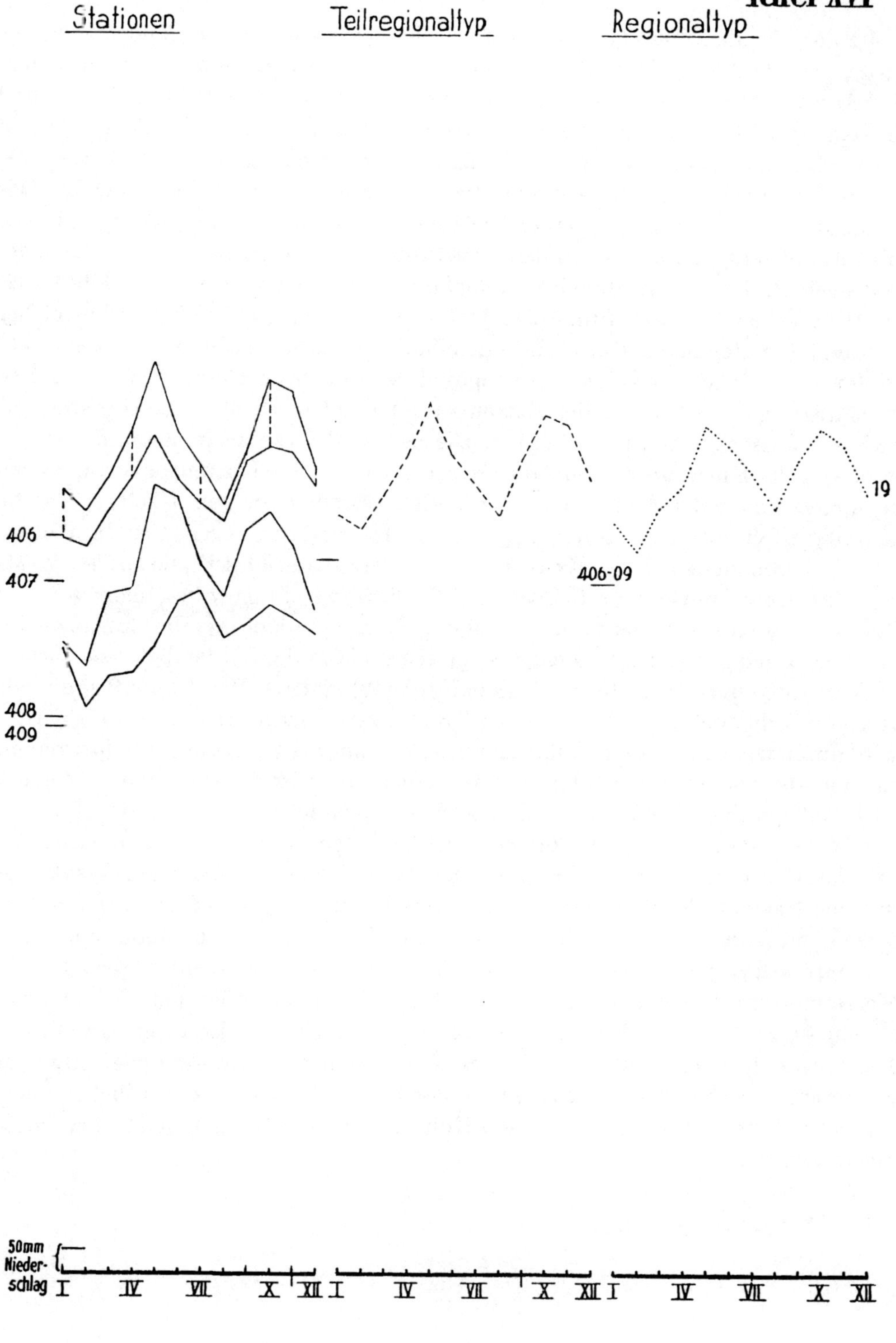
Stationen
Teilregionaltyp
Regionaltyp
406
407
408
409
406-09
19
50mm Nieder-schlag
I IV VII X XII I IV VII X XII I IV VII X XII

C. 19. Regionaltyp von West-Ceylon.

(Tafel XVI, Kurve 19)

In dem Niederschlagstyp von West-Ceylon (19) springt die Aufspaltung der Regenperiode durch die große Amplitude zwischen den Extrema ganz besonders ins Auge. Es werden sogar doppelt so hohe absolute Regenwerte im Frühling und Herbst erreicht wie in Südost-Indien. Die Station 297 an der Südwestküste leitete aber schon zu dieser Kurvengestalt über. — Der Eintritt der Höchstwerte verändert sich nicht beim Übergang zu diesem Regionaltyp (19) West-Ceylons. Das sekundäre Maximum liegt übereinstimmend im Oktober, wenn auch der Anstieg und Abfall sehr verschieden in den einzelnen Diagrammen ausgeprägt ist. Dagegen wechselt der Eintritt des absoluten Maximums in den vier Kurven (406— 409) sogar zwischen Mai und Juli. Diese Unterschiede sind größer als in allen bisher betrachteten Regionen. Durch die Mittelbildung werden sie natürlich verdeckt; es dominiert dabei der spitze Kurvengipfel der Stationen 406 und 407. — Diese Veränderungen im Eintritt der Extrema erfolgen aber wieder in bestimmter Anordnung innerhalb dieser 19. Region. Die beiden Kurvenbilder 406 und 407 mit dem spitzen Kurvengipfel im Mai charakterisieren die Küstenzone von Westceylon. Davon unterscheidet sich der Vorlandsstreifen vor dem Gebirge, wie die Kurvengestalt 408 zeigt, durch sehr starken Mai- und Juniregen. Der Junibetrag ist nur 20 mm kleiner als der Extremwert. Die letzte Station 409, die auf der Westseite des zentralen Gebirges in 1800 m Höhe liegt, weicht ganz besonders von den übrigen drei Kurvenbildern ab. Juni und Juli erhalten hier erst die stärksten Regenfälle. Doch die absolute Menge ist geringer als in der Vorlandsstation 408.

Weitere Kennzeichen dieses Regionaltyps (19) sind: 1. der frühe Beginn der Regenperiode und 2. das Fehlen einer Trockenzeit im strengen Sinn. Im Februar wird durchweg das absolute Minimum erreicht, doch die Regenmenge hat nur in Station 409 bis auf 40 mm abgenommen. Auch das relative Minimum im August ist in keinem Fall einem Trockenmonat gleichzusetzen.

Die Entstehungsart der Sommer-Niederschläge war nach Timmermann[1]) schwierig zu bestimmen. Auf Grund eines Vergleichs der Windrichtungstabellen mit den Niederschlagstabellen konnte er eine Regenmengenhäufigkeit „beim Einsetzen und Durchdringen des Monsuns" feststellen, „also dann, wenn noch die Windarten des gleichernahen Stillengürtels mit dem ins Land vordringenden Meeresmonsun um die Vorherrschaft kämpfen. Sobald sich der SW-Monsun durchgesetzt hat und beständig weht, lassen auch die Niederschläge nach." Die neue Auffassung bringt die Niederschlagsverhältnisse auf Ceylon ebenfalls in Zusammenhang mit dem Durchwandern der Monsunkonvergenz (nördliche Innertropische Konvergenzzone), wobei die Höhenstationen außerdem noch Steigungsregen erhalten.

---

[1]) O. F. Timmermann, a. a. O., S. 211.

IV. Großregionaltyp: Spätherbstregen an der Süd-Koromandelküste und in Ost-Ceylon.

Die kennzeichnenden Merkmale des IV. Großregionaltyps sind der Eintritt des absoluten Maximums im Spätherbst und das Fehlen stärkerer Sommerregen. Diesen Niederschlagstyp finden wir im Südosten Vorderindiens und im östlichen Teil von Ceylon. Diese Großregion (IV) ist besonders stark in meridionaler Richtung ausgedehnt. Sie beginnt im Norden mit der Einbiegung der Koromandelküste in die nord-südliche Richtung und grenzt somit an jene II. Großregion der Sommer- und Herbstregen. Nach Süden reicht sie über die Südspitze Vorderindiens hinaus und schließt noch den Ostteil Ceylons ein. Im Westen bilden die Ostghats und das zentrale Gebirge Ceylons die Typenscheide.

Die charakteristischen Züge erklären sich fast ausschließlich durch die Exposition dieses Küstenabschnitts gegen die regenbringenden Winde.

Da im Sommer der östliche Zweig des Südwestmonsuns aus vorwiegend südlicher Richtung und damit parallel zu der Süd-Koromandelküste weht und außerdem die östlichen Teile Ceylons auf der Leeseite des Gebirges liegen, tragen diese Luftmassen in beiden Fällen keine Feuchtigkeit landeinwärts.

Dann aber findet Anfang Oktober am 10. des Monats für Madras nur mit fünftägiger Streuung der Monsunwechsel statt. „Mit verblüffender Schärfe ist ... der Durchgang der Konvergenzzone des Monsunwechsels in der Windrichtung selbst ausgeprägt", wie Flohn[1]) auf Grund genauer Einzeluntersuchungen feststellen konnte. Infolge dieser Änderung der Windrichtung um 120° treffen dann bis Mitte Dezember Ostwinde auf die Süd-Koromandelküste und Ost-Ceylon auf. Sie verursachen die plötzliche Zunahme der Niederschläge, wie sie der steile Anstieg der Kurven zeigt. Da diese Luftmassen senkrecht auf diese Großregion auftreffen, erhalten wir erheblich stärkeren Herbstregen als an der Nord-Koromandelküste. Im Dezember hat die Abnahme der Regenhöhe begonnen, und für den 14. dieses Monats stellte Flohn das Ende der Regenzeit mit einer durchschnittlich elftägigen Streuung fest.[2]) Im Gefolge der Ostwinde erreichen, wie schon bei der Betrachtung der Nord-Koromandelküste ausgeführt wurde, außerdem Zyklonen diesen Küstenabschnitt. Das Kärtchen 1 S. 21 zeigte gerade im Gebiet von Madras eine breitere Zone, die von den Sturmbahnen bevorzugt wird. Innerhalb dieser Großregion tritt dann der Spätherbstregen am ausgeprägtesten in unmittelbarerer Nähe der Küste auf, während sich im Vorland der Ostghats schon ein langsam Übergang zum Herbstregen des Dekhanhochlandes feststellen läßt. Diese Unterschiede sind maßgebend für die Aufteilung dieser Großregion in zwei Gruppen von Regionaltypen.

---

[1]) H. Flohn, a. a. O., S. 293.
[2]) H. Flohn, a. a. O., S. 291.

A. Übergangsregionaltypen: Herbstregen des Ostghatvorlandes.

(Tafel XVII, Kurve 20 und 21)

Die Kurvenbilder 384—395 zeigen meist einen langsamen, stetigen Anstieg der Regenwerte von April bis September beziehungsweise Oktober oder November. Nur in 386—390 ist das sekundäre Frühlingsmaximum noch angedeutet. Diese Stationen liegen übereinstimmend in einer schmalen, langgestreckten Zone zwischen dem Ostküstensaum und den östlichen Teilen des Dekhanhochlandes. Diese Vorlandsregion erstreckt sich von Norden nach Süden von 16° bis 10° nördlicher Breite. Die Kurvenbilder 20 und 21 lassen erkennen, daß diese Regionaltypen den Übergang bilden von jener doppelten Regenperiode im Mai und September/Oktober der zentralen Partien Süd-Indiens zu dem Novembermaximum an der Ostküste. Daher betrachte ich sie zunächst auch gemeinsam als Übergangsregionaltypen. Diese langsame Verlagerung der Extrema ist bedingt durch das Fehlen scharfer Typenscheiden wie der hohen Gebirgsketten im Westen. An ihre Stelle treten hier die niedrigen, reichlich zertalten Ostghats.

In dieser langgestreckten Vorlandsregion unterscheidet sich nun weiter der nördliche von dem südlichen Teil. Diese Differenzierung werden wir an Hand der Kurvenbilder 20 und 21 im einzelnen verfolgen.

20. Regionaltyp des Nallamgebirges und seines östlichen Vorlandes.

(Tafel XVII, Kurve 20)

Der nördliche Abschnitt jener Vorlandszone umfaßt das Nallamgebirge und das östlich vorgelagerte Tiefland. Er liegt damit gerade zwischen 14° und 16° nördlicher Breite, wo sich der Wechsel im Küstenverlauf aus der Nordost-Südwest-Richtung im nördlichen Abschnitt in die meridionale Richtung im südlichen Teil vollzieht.

In diesem Gebiet nimmt die Regenmenge ab April langsam bis Juli zu und erreicht im Oktober die doppelte Höhe wie im Hochsommer. Juli und August erhalten schon ein Viertel der Gesamtniederschläge, und 21 % entfallen allein auf den Oktober. Diese Verteilung der Regenmenge erklärt sich aus der Lage dieser Region (20) im Winkel zwischen beiden Küstenarmen. Ein relativ großer Teil fällt schon im Sommer, weil der Luftstrom nicht völlig küstengleich hinzieht. Der Oktoberregen ist durchschnittlich 100 mm geringer als im Südteil der Koromandelküste, auf den die Ostwinde senkrecht auftreffen.

Der Vergleich der einzelnen Stationendiagramme ergibt drei Gruppen von Kurvenbildern.

In den beiden ersten Diagrammen 384 und 385 (20a) wird der gleichmäßig sanfte Anstieg im Sommer durch ein steileres Kurvenstück von September bis Oktober abgelöst. Im Oktober kommt es so zur Ausprägung einer scharfen Spitze. Diese Stationen liegen im Vorland des Nallamgebirges, so daß damit wie in dem Nordteil der Koromandelküste mit der Verringerung der Meeresferne eine Verstärkung der Herbstregen erfolgt.

Tafel XVII

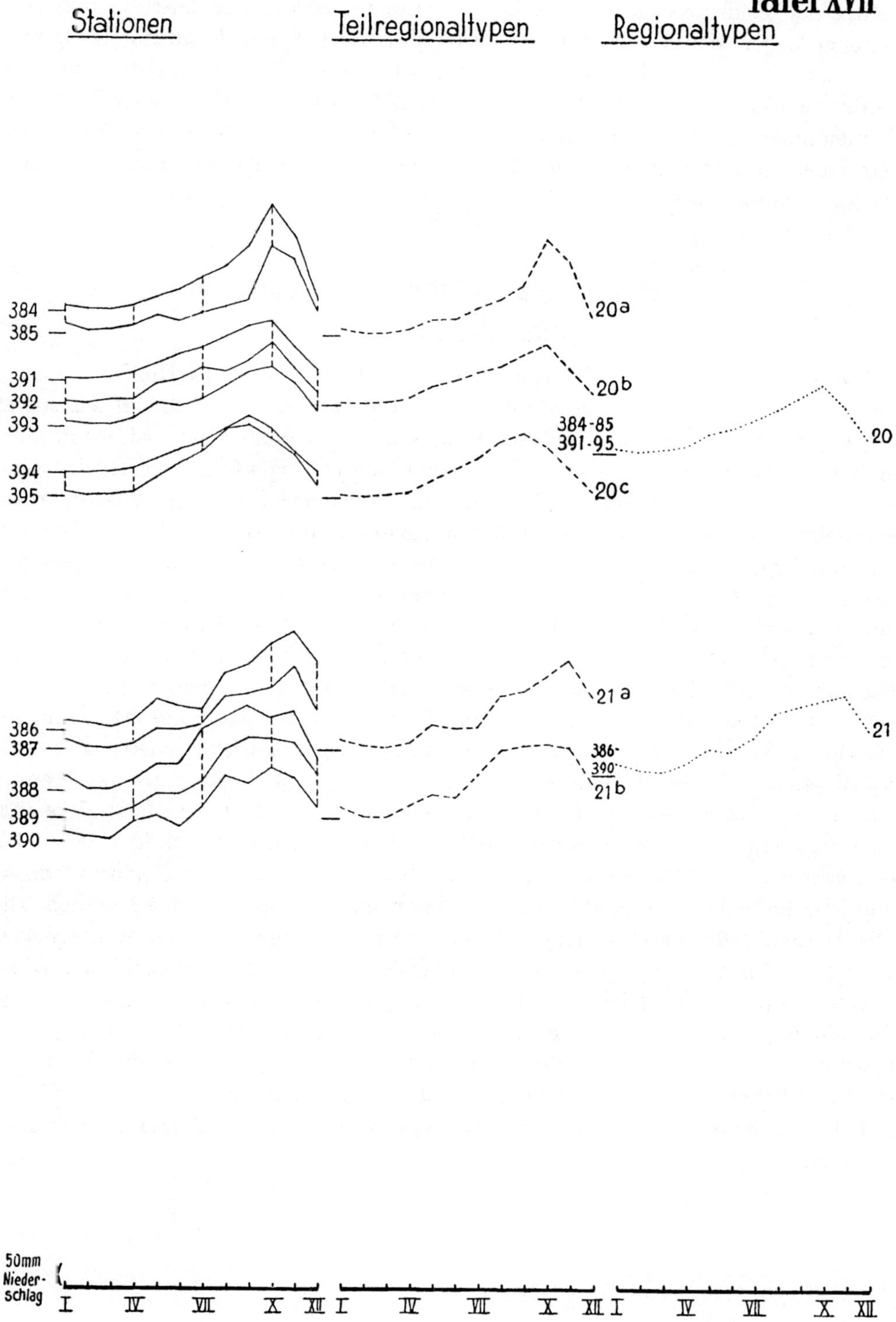
Stationen
Teilregionaltypen
Regionaltypen
384
385
391
392
393
394
395
20a
20b
20c
384-85
391-95
20
386
387
388
389
390
21a
21b
386-
390
21
50mm
Nieder-
schlag
I IV VII X XII I IV VII X XII I IV VII X XII

In der zweiten (20b) und dritten (20c) Stationengruppe fehlt der steile Anstieg zum Maximum. Dafür erkennen wir eine sehr langsame und gleichmäßige Zunahme der Niederschläge bis Oktober oder nur bis September. Diese beiden Teilregionen liegen weiter vom Meer entfernt und erstrecken sich auf das Nallamgebirge beziehungsweise das südlich daran anschließende Pennertal. Durch das Septembermaximum leiten die Stationen 394, 395 im Pennertal zu jenen zentralen Partien über, während diejenigen auf dem Nallamgebirge (391—393) vielmehr größere Übereinstimmungen im Jahresgang der Niederschläge mit den Ostküstenstationen erkennen lassen.

21. Regionaltyp des Südostghatvorlandes.

(Tafel XVII, Kurve 21)

Untersuchen wir nun an Hand der Kurvenbilder 386—390 die Regenverteilung im Südabschnitt der vorstehend angegebenen Vorlandszone, so stellen wir zuerst die Verschiebung des absoluten Maximums zum November hin fest. Außerdem fehlt eine langsame und gleichmäßige Zunahme der Regenfälle zum Höchstwert, wie wir sie im 20. Regionaltyp des Nallamgebirges verfolgt haben. Wir erkennen vielmehr verschiedene stärkere Absätze im Kurvenbild: so ist im Mai — Juni zuerst ein Extrem nur angedeutet. Zum August nimmt die Niederschlagsmenge dann wieder stärker zu, dagegen führt zum Novembermaximum wiederum nur ein ganz sanfter Anstieg. In diesen verschiedenen Stufen erkennen wir das Mai- und Oktobermaximum der zentralen Partien Süd-Indiens, zu denen damit dieser Niederschlagstyp hinüberleitet. — Ferner sehen wir, daß schon ab August der ganze Herbst abweichend vom Regionaltyp 20 stärkeren Regen erhält. Mehr als die Hälfte der Gesamtmenge verteilt sich mit geringen Unterschieden von 2—3% auf diesen Zeitabschnitt. Weitere 20% entfallen noch auf die angrenzenden Monate August und Dezember, die uns zeigen, wie langsam die Abnahme besonders zum August erfolgt. Vergleichen wir schließlich die einzelnen Kurvenbilder 386—390, so stellen wir fest, daß mehrere Einzelzüge bei der Mittelung zur Region verdeckt wurden, die uns auch die Abstufung landeinwärts noch klarer zeigen werden. Die Diagramme 386 und 387 (21a) weichen durch die Lage des absoluten Höchstwertes im November von den letzten drei Stationen 388—390 (21b) ab. Diese zweite Gruppe (21b) gleicht durch den geringen Unterschied in der Regenmenge der Monate August bis November besonders stark dem Regionaltyp (21). Den maximalen Novemberregen erhalten nur Stationen (386, 387), die der Küste am nächsten liegen. Diese Verschiebung des absoluten Höchstwertes um einen Monat haben wir auch schon in dem Nordabschnitt der Koromandelküste feststellen können.

B. Regionaltypen:
Spätherbstregen an der Süd-Koromandelküste und in Ost-Ceylon.

(Tafel XVIII, Kurve 22 und 23)

Das Hauptkennzeichen der zweiten Gruppe von Regionaltypen ist das Anwachsen der Niederschläge im Spätherbst auf 65%, der damit dreimal so groß ist wie der Sommerregen. Dieser Betrag verteilt sich dabei nicht gleichmäßig auf die vier Monate lange Regenperiode, sondern über 30% entfallen allein auf das Maximum im November. Die Konzentration der Niederschläge auf diesen einen Monat charakterisiert in erster Linie die Kurvenbilder 373—383 und 410—418. Sie trennt somit den Tieflandsaum der Süd-Koromandelküste vom Kap Comorin bis zum Penner und den Ost- und Nordostteil Ceylons von jener Vorlandszone der Ostghats (Region 20 und 21). Nach der Dauer der Spätherbstregen und dem Auftreten des sekundären Höchstwertes im April oder Mai in den einzelnen Stationendiagrammen (373—383) lassen sich vier Regionaltypen aufstellen.

22. Regionaltyp der Südostküste am Golf von Mannar.

(Tafel XVIII, Kurve 22)

In den Kurvenbildern 373—378 ist das relative Maximum sehr schwach angedeutet. Nur um 4% übertrifft der April die anschließenden regenarmen Sommermonate Juni bis September. Nach diesen geringen Niederschlagsmengen — meist weniger als 50 mm — erfolgt dann ab September der steile Anstieg der Kurve zum Oktober, von dem der absolute Höchstwert des Novembers nur noch durchschnittlich um 30 mm abweicht.

Diesen Jahresgang der Niederschläge finden wir in dem schmalen Ostküstensaum am Golf von Mannar, der sich von Südwesten vom Kap Komorin nach Nordosten bis zur Palkstraße erstreckt.

Die einzelnen Stationen (373—378) dieser Niederschlagsregion unterscheiden sich vor allem in der absoluten Höhe der Spätherbstregenmenge. Die Stationen 374—377 weichen darin weniger voneinander ab, als gerade 373 und 378. 378 erhält ganz besonders wenig Herbstregen, während 373 den steilsten und höchsten Anstieg zum Novembermaximum aufweist.

Diese Differenzen möchte ich durch die entgegengesetzte Lage beider Stationen und damit durch die verschiedene Exposition gegen die regenbringenden Winde erklären. Den südlichsten Punkt (378) im Regenschatten der Insel Ceylon erreichen im Herbst nur wenig feuchte Luftmassen, und auch „die Zyklonen sind südlich von 8° nördlicher Breite selten"[1]. Dafür sind die Spätherbstregen umso reichlicher in Station 373, da sie an der Nordostgrenze der Region auf der Adamsbrücke, dieser weit in den Golf von Mannar hinausreichenden Spitze, liegt. Station 377 fällt noch ein wenig heraus durch verstärkten Oktoberregen.

[1] S. C. Roy and A. K. Roy, Structure and Movement of Cyclones in the Indian Seas; Beitr. Physik fr. Atm. 16, 1930, S. 225.

Tafel XVIII

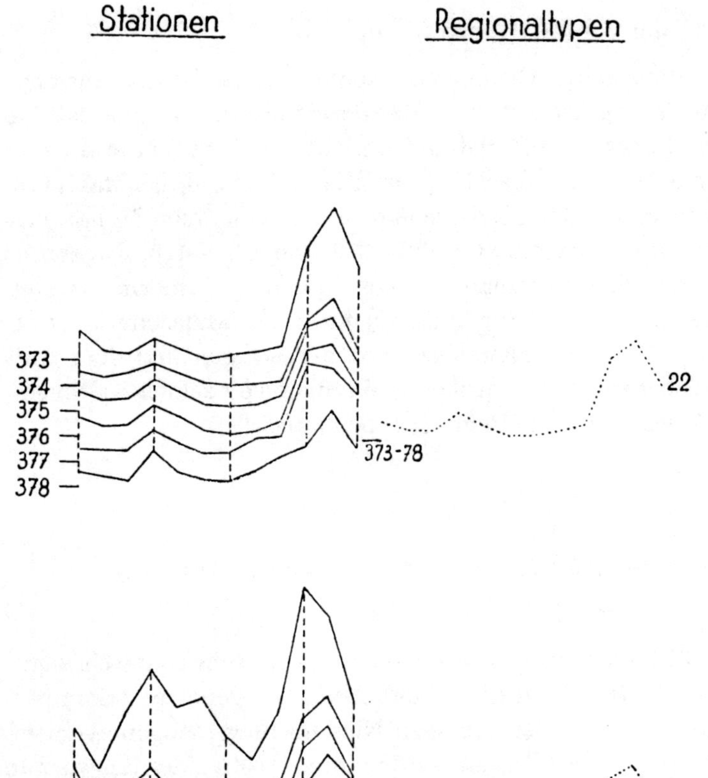
Stationen
Regionaltypen
373
374
375
376
377
378
373-78
22
410
411
412
413
414
415
410-15
23
50mm
Nieder-
schlag
I
IV
VII
X
XII
I
IV
VII
X
XII

23. Regionaltyp von Nordwest-Ceylon.

(Tafel XVIII, Kurve 23)

In den Kurvenbildern 410—415 von Nordwest-Ceylon findet eine Vergrößerung und Erweiterung des kleinen Anstiegs im April zu einem relativen Maximum statt. 23% der Gesamtniederschlagsmenge entfallen auf die Monate März bis Mai. Die Hauptregenzeit im Herbst übertrifft aber diesen Betrag noch um 28%. Beide Kurvengipfel sind durch eine kurze regenarme Periode im Winter und eine längere im Sommer mit dem Minimum im August getrennt. Der Herbstregen ist durchschnittlich 60 mm höher als an der Süd-Koromandelküste. In der Höhe der Frühlingsniederschläge bilden diese Stationen Nordwest-Ceylons (410—415) den Übergang von jenem äußerst kleinen Betrag der südindischen Stationen zu dem maximalen Mairegen in Südwest-Ceylon. Diese erhebliche Verstärkung der Frühlingsregen in Ceylon erklärt sich durch die Lage der Insel in der Kalmenzone. Die relativ kurze Dauer der Hauptniederschlagsperiode in Nordwest-Ceylon ist bedingt durch ihre Lage im Regenschatten von Süd-Indien.

Die einzelnen Kurvenbilder (410—415) unterscheiden sich sehr stark voneinander. Zunächst möchte ich auf Station 410 hinweisen, die durch eine größere Niederschlagsmenge im April und darüber hinaus bis Mai und Juni von den übrigen Diagrammen abweicht. Sie liegt in der westlichen Küstenebene und nur wenig von den Rumpfflächen des Inneren entfernt. Möglicherweise bewirkt dies die Erhöhung der Frühsommerregen, wie in der Vorlandsstation 408 jener 19. Niederschlagsregion von Südwest-Ceylon. Auch erhält der Oktober etwas mehr Niederschlag als der November.

Das Diagramm 415 unterscheidet sich dann von allen Kurvenbildern dieses Regionaltyps, weil es erst im Dezember maximale Niederschläge erhält, und diese fast mit gleicher Stärke bis Januar anhalten. Beide Monate weichen nur um 20 mm Regenhöhe voneinander ab. Für diese Verlängerung der Regenperiode wird die Lage von Badulla (415) an der Ostseite des zentralen Gebirges, in etwa 1000 m Höhe im Uvabecken[1]) und nur wenige Kilometer von dem Kamm der Hauptkette entfernt, maßgebend sein. Die Ostseite des Gebirges ist die Luvseite gegen den Nordostmonsun. Diese Steigungsregen sind besonders hoch und von längerer Dauer, da „im Gegensatz zum mittleren und nördlichen Vorderindien, der NE-Monsun ein feuchter Wind“ ist, weil „er über dem Bengalischen Golfe Feuchtigkeit aufnehmen konnte.“[2])

24. Regionaltyp der mittleren Koromandelküste.

(Tafel XIX, Kurve 24)

In dem Koromandelküstentyp (24), dem dritten Regionaltyp dieser IV. Großregion, verschwindet das relative Frühlingsmaximum schon fast; aber soweit es erkennbar ist, ist sehr klar die Verlagerung vom April auf den Mai.

---

[1]) N. Krebs, a. a. O., S. 208.

[2]) O. F. Timmermann, a. a. O., S. 201.

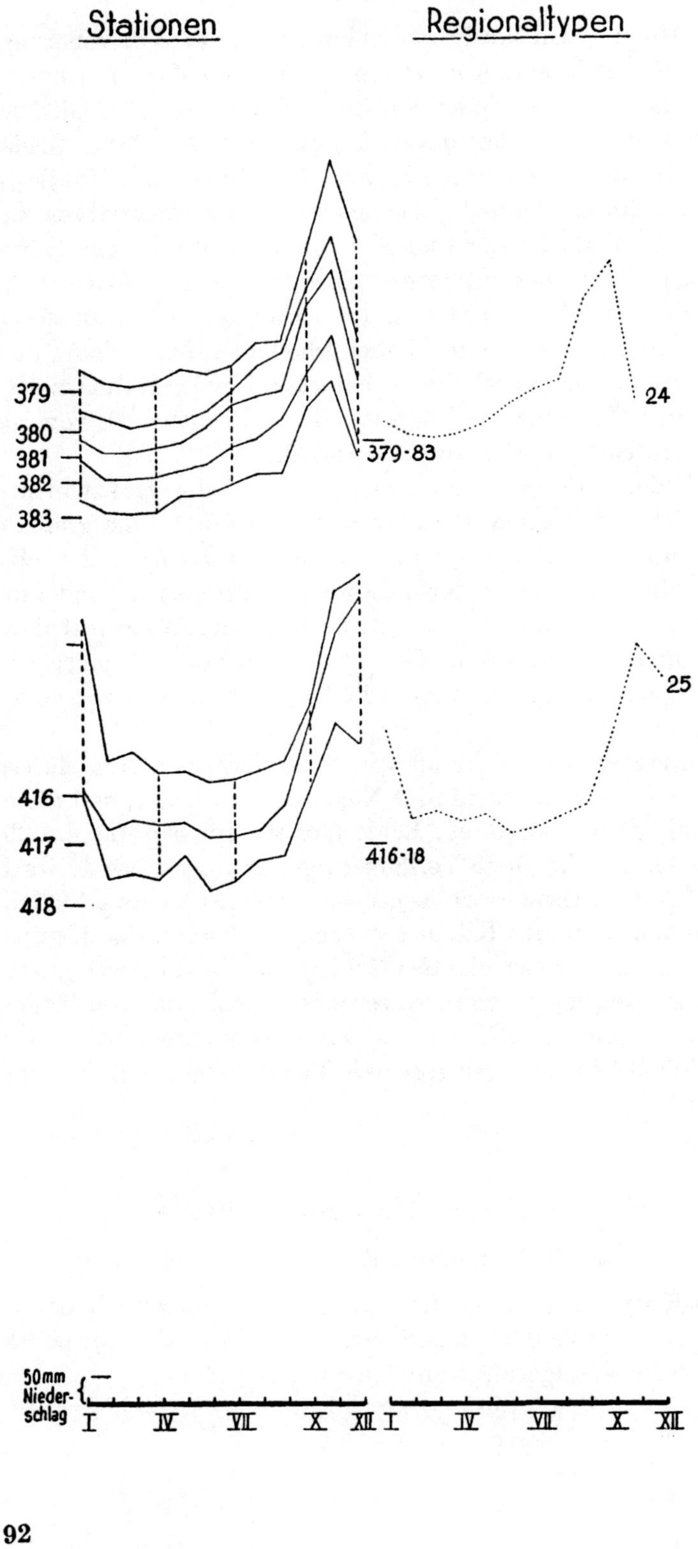
Stationen
Regionaltypen
379
380
381
382
383
379-83
24
416
417
418
416-18
25
50mm
Nieder-
schlag
I
IV
VII
X
XII
I
IV
VII
X
XII

Zum Sommer nimmt der Niederschlag nicht weiter ab, sondern steigt schon sehr allmählich bis zum September an. Nach einem sehr steilen Anstieg wird dann wie in Region 22 das Extrem im November erreicht. Zum Dezember verringert sich die Regenmenge schon wieder erheblich, so daß das Spätherbstmaximum als ein spitzer Kurvengipfel herausragt. Auch in diesem Jahresgang zeigt sich keine Fortsetzung stärkerer Regen bis in den Winter. Die Herbstregenmenge ist aber um 150 mm größer als an der Südostküste (Region 22). Diese Verdoppelung der Niederschlagshöhe wird durch das senkrechte Auftreffen der Ostwinde auf diesen nordsüdlich gerichteten Küstenabschnitt hervorgerufen.

25. Regionaltyp der Ostküste von Ceylon.

(Tafel XIX, Kurve 25)

Die drei Stationen 416—418 unterscheiden sich von allen vorangehenden Spätherbstniederschlagstypen durch die Fortdauer stärkerer Regenfälle bis Januar. 220 mm Niederschlag fallen durchschnittlich noch in diesem Wintermonat. Dabei liegt im November weiterhin der absolute Höchstwert, nur in Station 416 führt noch ein kleiner Anstieg darüber hinaus zum Dezember, wie sie auch im Januar noch einen wesentlich höheren Betrag als die beiden übrigen Stationen erhält. Nur 25% der Gesamtmenge verteilen sich auf die Zeitspanne Februar bis September, während 75% auf die Hauptregenperiode von Oktober bis Januar entfallen.

Dieser 25. Regionaltyp nimmt die Ostküste von Ceylon ein. Die Gegensätze in der Regenverteilung von Sommer und Winter erklären sich daraus, daß „in der Monsunzeit durch das Innengebirge eine deutliche, jahreszeitlich abwechselnde Luv- und Leeseite gebildet" wird.[1]) Die östliche Hälfte erhält daher die ganze Macht des Nordostmonsuns.

Timmermann weist weiter darauf hin, daß „die mengenmäßige Steigerung des Niederschlags" im Winter durch „die ergiebigen Schauer vorüberziehender Wandertiefs" verursacht wird.[2])

V. Großregionaltyp: Winter- und Frühlingsregen in den Suleiman- und Kirtharketten.

(Tafel XX, Kurve 26 und 27)

Von der IV. Großregion Südost-Indiens ist es ein großer Sprung zur V., die den Nordwesten der Halbinsel, die Suleiman- und Kirtharketten, charakterisiert. Besonders groß ist daher auch der Unterschied in der Kurvengestalt. Dieser V.

---

[1]) O. F. Timmermann, a. a. O., S. 200f.

[2]) Ebenda, S. 211.

Tafel XX

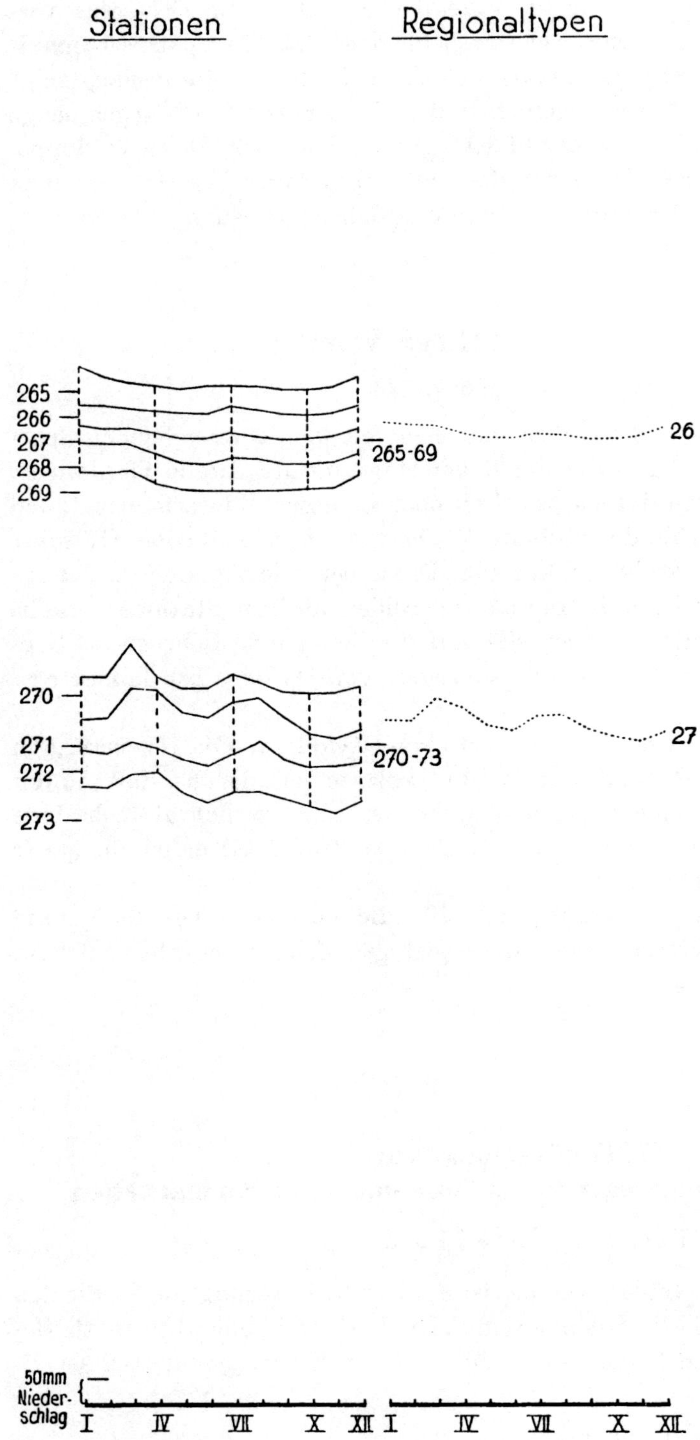
Stationen
Regionaltypen
265
266
267
268
269
265-69
26
270
271
272
273
270-73
27
50mm
Nieder-
schlag
I
IV
VII
X
XII
I
IV
VII
X
XII

Niederschlagstyp ist ausgezeichnet durch den Eintritt des absoluten Maximums im Frühling beziehungsweise Winter und ein relatives Extrem im Sommer. Aber diese Höchstwerte sind in den Kurvenbildern (265—273) weniger ausgeprägt, als in allen bisher untersuchten Diagrammen einschließlich des 9. Regionaltyps von Nordwest-Indien. Die Niederschlagsmenge von Januar bis März übertrifft in diesem V. Großregionaltyp diejenige der Periode Juni bis September um 36%. Durch diese starke Abnahme der Sommerregen, wie sie die vorherrschenden trockenen Nordwestwinde aus dem heißen Belutschistan verursachen, ließ sich diese Region (V) nicht im Anschluß an das Indusgebiet mit dem überwiegenden Sommermonsunregen, an die es räumlich angrenzt, einfügen.

Nur wenige Stationen (265—273) ergeben durch Mittelbildung diesen V. Großregionaltyp, der sich als Grenzzone erweist, da hier der Übergang „vom subtropischen Klima Vorderasiens zum kontinentalen Klimatypus Indiens"[1]) stattfindet. Dieses Gebiet wird auch von Eckardt dadurch charakterisiert, daß sich hier „neben den typischen Winterregen, die gleichwie in Persien und Mesopotamien das Maximum bilden, auch verspätete Sommermonsunregen regelmäßig, wenn auch nur spärlich, bemerkbar" machen: „eine Erscheinung, die im südlichen Persien oder gar in Mesopotamien schon zu den großen Ausnahmen zählt."

Bei genauer Betrachtung der einzelnen Diagramme unterscheiden wir Stationen mit maximalem Frühlingsregen von denen mit stärkerem Winterregen, und können danach nun eine weitere Unterteilung dieser V. Großregion durchführen.

26. Regionaltyp der Kirtharketten.

(Tafel XX, Kurve 26)

In der ersten Gruppe von fünf Stationen (265—269) liegen die Maxima im Jahresgang der Niederschläge im Spätwinter und Sommer. Es wird in diesen Kurvenbildern der absolute Höchstwert im Januar erreicht, aber auch der Februar weicht nur recht wenig davon ab. Der sekundäre Extremwert des Juli ist ganz besonders schwach angedeutet. Diese Verlagerung der Hauptregenzeit zeigt sich auch sehr klar in der prozentualen Verteilung der Gesamtniederschlagsmenge. Davon entfallen allein zwei Drittel auf die Periode Dezember bis März. Diese Regenverhältnisse zeigen alle Stationen (265—269), die an der Nordwestgrenze Vorderindiens auf den Kirtharketten in über 1800 m Höhe liegen.

27. Regionaltyp der Suleimanketten.

(Tafel XX, Kurve 27)

Unter Berücksichtigung der Verschiebung des absoluten Maximums auf den Frühling, auf März und April, wurden die Kurvenbilder 270—273 zum 27. Re-

[1]) W. R. Eckardt, Über Luftdruckverteilung und Regenfall in Asien mit besonderer Berücksichtigung der Randgebiete, S. 553f.

gionaltyp zusammengefügt. Weitere Kennzeichen dieser Stationen sind erstens die größere Differenz in der absoluten Regenmenge zwischen den Extrema; auch das relative Maximum ist durch die Regenmenge von über 50 mm etwas stärker herausgehoben, und zweitens die Verkürzung der regenarmen Periode im Frühsommer. Diesen Jahresgang finden wir im nördlichen Teil der westlichen Grenzzone des ganzen Untersuchungsgebietes Er nimmt insbesondere die über 1800 m hoch aufragenden Suleimanketten ein. Durch die Station 273, die auf den nordwestlichen Ausläufern des Himalaja liegt, werden auch diese mit der westlichen Kette zu einer Niederschlagsregion (27) vereint.

D. Die räumliche Verteilung der Monate maximalen Niederschlages.

Es empfiehlt sich nun, nach diesen zahlreichen Detailzügen das Bild weiter aufzuhellen. Wir verfolgen dazu, wie sich die Monate maximalen Niederschlags verteilen. Aus der Karte der „Monate maximalen Niederschlags in Vorderindien und Ceylon" springt erstens durch seine Größe das Gebiet heraus, das in einem der drei Sommermonate das Maximum aufweist. Es erstreckt sich ganz zusammenhängend in der geschlossenen Fläche des Ganges- und Indusstromlandes bis an den Nordrand des Dekhan unter Einschluß der Konkanküste.

Die nächstgrößte ist die Herbstregenregion, und zwar der ganze übrige Teil des südlichen Indien: die Dekhanhochfläche, die Koromandelküste und Nord-Ceylon.

Gegenüber diesen beiden Jahreszeiten Sommer und Herbst erscheinen die Regionen, in denen der maximale Niederschlag auf einen der Frühlings- oder Wintermonate fällt, nur als wenig ausgedehnte und randlich gelagerte Streifen, und zwar: Frühlingsregen in Südwest-Ceylon und im Nordwest-Himalaja und den Suleimanketten, und der ausgesprochene Winterregen auf den Kirtharketten.

Nehmen wir nun innerhalb der Region der sommerlich maximalen Monate die Aufteilung vor auf Juni, Juli und August, so erhält das größte und zugleich zusammenhängendste Gebiet maximalen Regen im mittleren Sommermonat. Der August als der danach am stärksten vertretene maximale Monat zeigt seinen Verbreitungsbereich mehr aufgeteilt innerhalb des weiten Gebietes von Brahmaputra, Ganges und Indus. Der Juni nimmt vor allem das Gangesdelta und Brahmaputratal fast geschlossen ein und kennzeichnet außerdem nur noch die Malabarküste.

Von der erheblich kleineren zweiten Region, der der Herbstregen, erhalten die nördlichen und relativ ausgedehntesten und zusammenhängenden Gebiete der Ostghats und des Dekhanhochlandes maximalen Niederschlag im September. Davon unterscheidet sich der schmale Saum der Nord-Koromandelküste, das südlich daran angrenzende Nallamgebirge und das Hochland von Mysore (südlich von 13° nördlicher Breite) einschließlich der südlichen Ostghats durch maximalen Oktoberregen. Im Südosten erstreckt sich sein Verbreitungsbereich bis an den Golf von Mannar, und innerhalb der Septemberregenregion liegen noch wenige kleine Inseln.

Maximaler Niederschlag im dritten Herbstmonat ist auf den kleinsten Raum eingeengt und auf den schmalen Küstensaum der mittleren Koromandelküste (10—15° nördlicher Breite) und die Nordhälfte sowie eine kleine südsüdöstliche Ecke Ceylons beschränkt.

Innerhalb der Winterregenregion ließ sich nur eine Aufteilung auf Dezember und Januar/Februar vornehmen. Diese Verbreitungsgebiete liegen räumlich am weitesten auseinander: der Dezember ist nur in dem äußerst kleinen Gebiet der mittleren Ostküste Ceylons vertreten, während der Januar innerhalb der nordwestlichen Grenzzone die Kirtharketten geschlossen einnimmt.

In der gleichen Weise wie die Winterregen erstrecken sich die Regionen maximaler Frühlingsniederschläge auf die räumlich getrennten, randlich gelagerten Gebiete Ceylon und Nordwest-Indien. Im einzelnen finden wir maximalen Märzregen in den Suleimanketten, während in den angrenzenden nordwestlichen Ausläufern des Himalaja sehr klar die Verlagerung auf den April zu erkennen ist. Der Mairegen bleibt schließlich auf die Südwestspitze Vorderindiens und die Südwestküste Ceylons beschränkt.

E. Rückblick.

In diesem Rückblick möchte ich zum Abschluß meiner Untersuchung die Ergebnisse in großen Zügen vorführen.

Um die Niederschlagsverhältnisse möglichst real darstellen zu können, versuchte ich sowohl durch die Benutzung langjähriger Mittelwerte als auch durch die Auswertung von Stationengruppen eine geringe Variabilität zu erzielen, deren Größe sich aus der Breite der Schwankungsstreifen verschiedener Perioden ablesen läßt.

Der allgemeine Überblick über die Luftbewegungen Vorderindiens führte uns dann die Bedeutung seiner Sonderstellung durch die peripherische Lage zum asiatischen Kontinent vor Augen, in der das Sommermonsunregime zur Vorherrschaft gelangt, weil sie gegen den Nordostmonsun durch den mächtigen Gebirgswall des Himalaja abgeriegelt ist. Weiter erkannten wir an der Differenzierung dieser Luftströmungen durch die physischen Gegebenheiten der Halbinsel, wie Breitenlage, Meeresferne, orographische Verhältnisse und Küstenverlauf, die Hauptursachen für die Eigenart und die große Mannigfaltigkeit der Regenverteilung in diesem Untersuchungsgebiet.

In dem speziellen Teil versuchte ich ein klares Bild von dem im einzelnen überaus unterschiedlichen Jahresgang der Niederschläge durch die Aufstellung von Typen verschiedener Ordnung und ihre räumliche Festlegung zu zeichnen und ferner möglichst weitgehend die ursächliche Verknüpfung dieser regionalen Gliederung mit den Landschaftsgrundlagen aufzufinden.

Am stärksten generalisiert wurde die vielfältige Regenverteilung durch die Zusammenfassung aller Stationen zu fünf Großregionaltypen, die nach der Lage des absoluten Maximums in einer der Jahreszeiten durchgeführt wurde. Schon in ihrer sehr unterschiedlichen räumlichen Ausdehnung zeigte sich deutlich die enge Verknüpfung mit den indischen Großlandschaften: sind doch sowohl die Zusammenfassung weit ausgedehnter Gebiete in den alluvialen Ebenen des Nordens, als auch die stärkere Aufteilung im Süden auf der alten Masse des Dekhan bedingt durch die verschiedenen orographischen Verhältnisse. Das relativ einförmige Nord-Indien ist durch eine Monsunregenzeit im Sommer ausgezeichnet und danach durch einen Großregionaltyp zu charakterisieren.

Südlich von etwa 20° nördlicher Breite teilen sich sogar drei Großregionen in den in die Tropen hineinragenden Teil der Halbinsel, die zum Unterschied auch vorwiegend eine doppelte Regenperiode erkennen lassen. In dem ersten dieser drei Großregionaltypen (Typ II) findet durch eine Erweiterung der sommerlichen Regenperiode bis September — Oktober der Übergang zu dem vorherrschenden Herbstregen (Typ III) in den zentralen Teilen des Dekhanhochlandes statt. Das Auftreten eines sekundären Frühsommermaximums ergibt in der III. Großregion die Aufspaltung der Regenperiode auf zwei getrennte Jahreszeiten.

Von dem Südteil der Halbinsel nimmt die Südostküste einschließlich Ost-Ceylons noch eine Sonderstellung ein (Typ IV), weil der kenternde Südwestmonsun, die Zyklonen und der Nordostmonsun erst im Spätherbst maximale Niederschläge bringen. Der Malabarküstensaum dagegen, auf den die feuchtbeladenen Luftmassen des Sommermonsuns aufprallen, ist ein Glied der beiden ersten Großregionen. Der V. Typ endlich kennzeichnet die Grenzzone Nordwest-Indiens, in der die Sommermonsunregen abklingen, aber das subtropische Winterregenregime zur Vorherrschaft gelangt.

Feinere Züge in der Verteilung der Regenfälle erkannten wir danach durch die Untergliederung der fünf Großregionaltypen in siebenundzwanzig Regionaltypen. Ihre Ausdehnung ist wieder entsprechend der Oberflächengestalt im Norden weiträumiger als im Süden. Ferner zeigte sich durch diese Aufteilung, daß nicht nur jede Jahreszeit, sondern sogar jeder Monat in mindestens einer Region in Vorderindien und Ceylon das absolute Maximum im Jahresgang der Niederschläge aufzuweisen hat. Nur für die Monate Januar und Februar lassen sich die Verbreitungsgebiete schwer trennen. Deshalb wurden sie auf der Karte der „Monate maximalen Niederschlags von Vorderindien und Ceylon" mit der gleichen Schraffur versehen.

Regionen mit übereinstimmendem Eintritt des absoluten Maximums sind dann noch weiter nach der Länge der Regenperiode unterteilt worden, und besonders Nord-Indien zeigt dadurch sehr große Gegensätze: in Assam dauert die Regenzeit acht bis neun Monate und damit sogar dreimal solange wie im Nordwesten, in der Thar. Im Süden der Halbinsel zeigen die Regionaltypen recht klar verschiedene Stufen in der Aufteilung der Regenzeit an der Erweiterung des sommerlichen Minimums.

Zeigten schon die Regionaltypen zahlreiche Unterschiede, so lassen doch erst die Teilregionaltypen die Vielseitigkeit in vollem Umfange erkennen. Es ließ sich die kausale Verknüpfung von Niederschlagstyp und Landschaftsgrundlage teilweise bis in diese feinste Gliederung, ja manchmal noch innerhalb dieser Teilregionen, bis in die Einzelstationen verfolgen, so daß uns damit auch in den regionalen Niederschlagstypen von Vorderindien und Ceylon „die doppelte Seite" entgegentritt, „die schließlich jedem geographischen Objekt abgewonnen werden kann, die des Gesetzmäßigen und des Einzigen, der Generalität und Individualität".[1])

[1]) L. Mecking, Japans Häfen; Mitteilungen der Geogr. Gesellsch. in Hamburg, Bd. XLII, 1931, S. 592.

F. Zahlenmaterial des Niederschlages in mm-Regenhöhe.

(Tafel I)

Lfd. Nr.	Station:	Jan.	Febr.	März	April	Mai	Juni	Quell.[1]
34	Barisal	10.4	26.7	56.4	121.4	229.1	414.8	I
35	Satkhira	8.4	19.1	33.5	72.4	209.8	353.1	I
36	Bogra	9.7	19.8	31.5	57.7	215.9	356.4	I
37	Sirajganj...........	8.1	19.6	33.8	84.1	200.2	315.2	I
38	Rampur Boalia.....	8.9	14.7	30.5	45.2	141.5	283.7	I
39	Krishnagar.........	11.2	30.5	46.2	64.8	177.8	270.8	I
40	Pabna	7.4	27.2	34.8	73.2	179.8	299.5	I
41	Jessore	9.1	34.0	53.6	93.0	205.2	321.8	I
42	Faridpur...........	11.4	33.5	59.2	119.9	229.6	339.3	I
43	Dacca	9.7	28.4	65.8	124.0	243.8	339.9	III
44	Narayanganj	7.6	35.6	68.3	139.2	239.0	328.9	I
45	Madaripur	13.7	23.9	61.2	97.0	210.6	309.4	III
Teilregionaltyp 1a.........		9.6	26.1	47.9	91.0	206.9	327.7	

Lfd. Nr.	Station:	Juli	Aug.	Sept.	Okt.	Nov.	Dez.	Quell.
34	Barisal	396.9	345.9	283.2	159.0	37.6	9.9	I
35	Satkhira	288.8	270.5	226.3	82.0	16.5	6.9	I
36	Bogra	331.7	337.6	296.4	126.0	18.8	1.3	I
37	Sirajganj...........	291.8	292.1	246.6	125.5	15.7	2.8	I
38	Rampur Boalia	274.6	262.1	255.0	94.7	12.4	1.5	I
39	Krishnagar.........	281.4	258.3	204.0	111.3	24.9	2.3	I
40	Pabna	299.2	260.9	209.8	137.9	14.0	4.8	I
41	Jessore	309.9	278.1	217.2	124.2	25.9	5.1	I
42	Faridpur...........	325.9	315.5	236.0	120.4	27.9	3.0	I
43	Dacca	326.4	318.8	239.5	110.2	20.6	3.8	III
44	Narayanganj	329.7	323.6	244.6	128.8	24.9	4.8	I
45	Madaripur	307.3	302.3	215.6	112.5	20.1	4.1	III
Teilregionaltyp 1a		313.6	297.1	239.5	119.4	21.6	4.2	

[1]) I "Monthly Weather Review" Calcutta 1936.
II "Monthly Weather Review" Calcutta 1920.
III "Daily Rainfall of India" Calcutta 1916.
IV O. F. Timmermann, Ceylon. Seine natürlichen Landschaftsbildner und Landschaftstypen; Mittl. Geogr. Ges. München, Bd. 28, Heft 2, 1935, S. 312.

Lfd. Nr.	Station:	Jan.	Febr.	März	April	Mai	Juni	Quell.
46	Diamond Harbour ..	16.3	33.8	35.1	43.9	135.4	272.0	III
47	Saugor Island	7.6	28.4	36.3	29.0	112.0	293.1	I
48	Purnea	9.9	15.7	14.0	31.0	111.8	281.9	I
49	Calcutta	8.6	27.9	36.6	48.0	146.1	302.3	I
50	Midnapore	11.7	30.5	36.3	47.5	135.1	266.7	I
51	Hooghly	9.9	31.5	33.5	56.1	149.6	248.2	III
52	Burdwan...........	9.1	31.8	42.4	53.6	155.7	260.1	I
53	Bankura	13.0	26.4	31.8	33.5	122.9	281.7	I
54	Baharagura	12.4	25.4	27.9	53.1	101.9	239.8	III
55	Baripada...........	11.4	26.7	37.8	56.9	116.6	261.1	III
56	Purulia	18.5	39.6	29.7	27.9	75.2	189.7	II
57	Banka	17.0	19.1	12.4	19.8	66.8	201.7	III
58	Naya Dumka.......	13.5	18.0	25.7	22.9	89.7	255.8	I
59	Chaibasa	16.3	37.8	25.4	31.5	82.0	222.5	I
Teilregionaltyp 1b		12.5	28.0	27.1	39.6	114.3	255.5	

Lfd. Nr.	Station:	Juli	Aug.	Sept.	Okt.	Nov.	Dez.	Quell.
46	Diamond Harbour ..	380.5	348.5	271.0	123.2	18.8	4.8	III
47	Saugor Island	372.1	360.2	273.3	206.8	37.3	6.9	I
48	Purnea	362.5	358.1	316.0	72.4	5.3	3.3	I
49	Calcutta	317.8	322.3	250.7	106.4	16.8	5.1	I
50	Midnapore	318.3	310.4	222.3	92.5	22.4	6.4	I
51	Hooghly	278.1	274.3	211.3	95.5	15.7	5.8	III
52	Burdwan...........	319.3	286.0	218.4	87.1	21.8	3.8	I
53	Bankura	333.0	291.3	222.0	73.9	16.3	2.0	I
54	Baharagura	333.8	297.9	261.6	79.8	8.9	6.9	III
55	Baripada...........	340.4	308.1	289.3	119.4	17.3	5.1	III
56	Purulia	316.0	290.8	257.0	70.1	15.5	3.6	II
57	Banka	300.0	280.7	222.3	77.0	3.8	1.8	III
58	Naya Dumka.......	342.4	330.5	242.8	96.0	10.4	2.5	I
59	Chaibasa	307.1	291.3	204.5	74.7	17.8	4.6	I
Teilregionaltyp 1b		330.1	310.7	247.3	98.2	16.3	4.5	

Lfd. Nr.	Station:	Jan.	Febr.	März	April	Mai	Juni	Quell.
60	Hazaribagh	18.3	28.7	26.4	12.4	58.7	231.9	I
61	Sabour	10.4	18.3	9.4	17.0	89.2	200.7	I
62	Baramba...........	8.9	16.0	30.0	45.2	76.7	219.7	III
63	Anandapur.........	16.8	30.0	35.6	69.6	98.0	221.0	III
64	Russelkonda........	11.2	18.8	32.5	46.0	85.6	181.1	III
65	Chandbali..........	9.9	25.7	32.5	36.6	126.5	224.0	I
66	Soro...............	11.4	26.7	46.2	56.1	126.2	206.2	III
67	Balasore	13.0	38.6	50.3	52.3	127.3	255.8	I
68	Malda	14.0	21.3	18.0	28.7	114.3	262.9	I
69	Berhampore	8.9	22.4	27.2	35.6	140.0	255.0	I
Teilregionaltyp 1c..........		12.3	24.7	30.8	40.0	104.3	225.8	

Lfd. Nr.	Station:	Juli	Aug.	Sept.	Okt.	Nov.	Dez.	Quell.
60	Hazaribagh	316.0	333.8	233.2	79.2	9.4	5.3	I
61	Sabour	282.7	293.1	224.3	62.2	8.4	2.0	I
62	Baramba...........	294.4	311.9	232.4	123.7	24.6	8.1	III
63	Anandapur.........	279.1	290.8	252.7	94.0	12.2	4.3	III
64	Russelkonda........	248.4	245.9	227.6	126.5	42.4	17.8	III
65	Chandbali..........	301.0	294.9	271.3	158.2	60.5	7.9	I
66	Soro...............	286.5	268.2	270.0	138.2	21.3	4.1	III
67	Balasore	276.9	288.5	297.7	153.7	34.0	5.3	I
68	Malda	278.6	292.6	274.1	110.2	8.9	1.3	I
69	Berhampore	275.6	303.5	257.0	106.7	15.7	3.0	I
Teilregionaltyp 1c..........		283,9	292.3	253.9	115.3	23.7	5.9	

Lfd. Nr.	Station:	Jan.	Febr.	März	April	Mai	Juni	Quell.
70	Puri...............	7.6	21.8	14.0	17.3	71.9	185.7	I
71	Cuttack	6.9	19.3	28.2	29.2	100.3	256.0	I
Teilregionaltyp 1d		7.3	20.6	21.1	23.3	86.1	220.9	

Lfd. Nr.	Station:	Juli	Aug.	Sept.	Okt.	Nov.	Dez.	Quell.
70	Puri...............	254.8	312.7	224.3	173.7	94.5	7.6	I
71	Cuttack	297.4	347.0	243.1	132.1	38.9	7.1	I
Teilregionaltyp 1d		276.1	329.9	233.7	152.9	66.7	7.4	

	Jan.	Febr.	März	April	Mai	Juni	Quell.
Regionaltyp 1	11.3	26.1	34.3	55.1	139.4	268.7	

	Juli	Aug.	Sept.	Okt.	Nov.	Dez.	Quell.
Regionaltyp 1	309.9	302.6	245.9	112.3	22.6	4.9	

(Tafel II)

Lfd. Nr.	Station:	Jan.	Febr.	März	April	Mai	Juni	Quell.
16	Barpeta............	11.7	18.0	68.8	234.4	370.8	496.6	III
17	Goalpara...........	10.2	15.7	57.2	174.8	350.3	557.8	III
18	Dhubri	7.6	18.5	44.7	130.6	373.1	605.0	I
19	Rangpur	8.6	17.5	28.7	78.5	277.6	447.3	I
20	Mymensingh	8.4	23.9	53.1	146.1	318.5	475.2	I
Teilregionaltyp 2a		9.3	18.7	50.5	152.9	338.1	516.4	

Lfd. Nr.	Station:	Juli	Aug.	Sept.	Okt.	Nov.	Dez.	Quell.
16	Barpeta	427.2	337.6	286.3	105.7	8.6	5.8	III
17	Goalpara	426.5	338.3	301.0	100.3	6.1	4.8	III
18	Dhubri	433.1	343.9	367.5	117.6	7.6	1.8	I
19	Rangpur	387.6	346.2	349.0	136.1	5.3	1.0	I
20	Mymensingh	418.1	397.3	349.0	147.3	22.4	1.8	I
Teilregionaltyp 2a		418.5	352.7	330.6	121.4	10.0	3.0	

Lfd. Nr.	Station:	Jan.	Febr.	März	April	Mai	Juni	Quell.
21	Brahmanbaria	5.6	34.5	94.5	194.3	303.8	419.9	I
22	Kishorganj	15.7	21.8	56.4	138.7	300.0	456.2	III
23	Comilla	7.4	30.0	74.9	167.1	299.0	458.5	I
24	Shillong	8.4	30.5	49.0	136.7	268.5	415.8	I
25	Gauhati	7.9	31.5	58.2	167.9	221.2	351.3	I
26	Silchar	20.6	53.8	200.9	364.0	396.0	550.7	I
Teilregionaltyp 2b		10.9	33.7	89.0	194.8	298.1	442.1	

Lfd. Nr.	Station:	Juli	Aug.	Sept.	Okt.	Nov.	Dez.	Quell.
21	Brahmanbaria	297.4	311.9	247.4	159.0	17.8	7.9	I
22	Kishorganj	351.0	372.6	328.4	133.4	18.3	5.3	III
23	Comilla	382.3	399.5	277.6	165.6	26.2	5.8	I
24	Shillong	367.8	364.7	272.5	172.7	40.1	4.8	I
25	Gauhati	298.2	263.1	173.2	70.9	11.2	3.8	I
26	Silchar	501.4	501.7	366.0	166.4	35.6	9.9	I
Teilregionaltyp 2b		366.4	368.9	277.5	144.7	24.9	6.3	

Lfd. Nr.	Station:	Jan.	Febr.	März	April	Mai	Juni	Quell.
27	Dibrugarh	36.8	61.5	116.6	256.0	284.0	489.0	I
28	Sadiya	42.9	71.9	164.6	270.3	283.7	400.6	III
29	Bisnath	24.4	37.3	60.7	189.5	249.7	365.5	II
30	Sibsagar	32.8	51.1	121.4	256.8	302.0	360.9	I
31	Tezpur	13.5	29.0	57.9	157.2	252.7	304.8	I
32	Golaghat	25.4	44.2	66.8	179.6	228.6	245.1	II
33	Jorehat	29.0	43.4	77.7	238.0	277.9	264.9	II
Teilregionaltyp 2c		29.3	48.3	95.1	221.1	268.4	347.2	

Lfd. Nr.	Station:	Juli	Aug.	Sept.	Okt.	Nov.	Dez.	Quell.
27	Dibrugarh	553.5	462.0	309.4	147.3	27.9	9.9	I
28	Sadiya	509.3	435.9	281.2	121.2	24.6	15.2	III
29	Bisnath	504.7	514.6	275.3	143.0	14.0	11.9	II
30	Sibsagar	432.1	413.3	297.2	129.5	27.9	13.2	I
31	Tezpur	366.5	364.7	207.8	106.9	18.8	5.8	I
32	Golaghat	344.7	313.7	190.2	86.4	15.5	13.7	II
33	Jorehat	395.0	395.7	251.0	116.8	16.3	16.8	II
Teilregionaltyp 2c		443.7	414.3	258.9	121.6	20.7	12.4	

	Jan.	Febr.	März	April	Mai	Juni	Quell.
Regionaltyp 2	17.6	35.2	80.7	193.4	297.6	425.8	

	Juli	Aug.	Sept.	Okt.	Nov.	Dez.	Quell.
Regionaltyp 2	410.9	382.0	285.0	129.2	19.1	7.7	

(Tafel II/III)

Lfd. Nr.	Station:	Jan.	Febr.	März	April	Mai	Juni	Quell.
13	Kishanganj	13.7	13.2	19.8	46.0	153.2	374.1	III
14	Araria	13.7	13.5	15.7	37.1	147.1	332.7	III
15	Dinapur	8.1	14.5	19.1	54.4	192.8	356.9	I
Teilregionaltyp 2/3		10.8	13.7	18.2	45.8	164.4	354.6	

Lfd. Nr.	Station:	Juli	Aug.	Sept.	Okt.	Nov.	Dez.	Quell.
13	Kishanganj	480.3	426.2	370.8	79.5	1.3	2.0	III
14	Araria	435.6	362.2	335.8	73.7	1.3	1.3	III
15	Dinapur	393.7	339.1	312.4	108.0	5.6	1.5	I
Teilregionaltyp 2/3		436.5	375.8	339.7	87.1	2.7	1.6	

(Tafel III a, b)

Lfd. Nr.	Station:	Jan.	Febr.	März	April	Mai	Juni	Quell.
1	Jowai	24.1	47.2	136.9	247.1	569.5	1400.3	III
2	Sylhet	11.9	29.7	163.3	353.3	511.8	821.4	III
3	Cooch Behar	4.8	22.1	48.5	137.9	401.3	835.9	I
4	Tura	12.2	21.3	56.4	164.1	417.6	642.4	III
Teilregionaltyp 3a		13.3	30.1	101.3	225.6	475.1	925.0	

Lfd. Nr.	Station:	Juli	Aug.	Sept.	Okt.	Nov.	Dez.	Quell.
1	Jowai	1026.2	823.7	702.8	317.5	46.0	15.5	III
2	Sylhet	662.2	657.1	557.3	220.2	28.2	7.6	III
3	Cooch Behar	770.6	638.8	670.6	195.1	5.8	2.5	I
4	Tura	633.2	546.1	505.7	194.1	17.5	2.8	III
Teilregionaltyp 3a		773.1	666.4	609.1	231.7	24.4	7.1	

Lfd. Nr.	Station:	Jan.	Febr.	März	April	Mai	Juni	Quell.
5	Buxa	26.7	26.9	72.4	219.2	488.4	993.9	III
6	Darjeeling..........	14.0	27.9	46.7	97.8	221.0	616.2	I
7	Jalpaiguri	7.6	16.8	34.5	94.7	281.2	602.7	I
8	Kaliganj	5.3	7.1	16.3	50.0	147.6	384.0	III
Teilregionaltyp 3b		13.4	19.7	42.5	115.4	284.6	649.2	

Lfd. Nr.	Station:	Juli	Aug.	Sept.	Okt.	Nov.	Dez.	Quell.
5	Buxa	1282.7	1145.8	773.2	256.8	19.6	15.0	III
6	Darjeeling..........	820.7	663.4	466.9	115.3	19.8	6.1	I
7	Jalpaiguri	794.5	636.0	506.5	124.5	5.1	2.8	I
8	Kaliganj	599.4	523.5	397.8	74.4	1.3	1.5	III
Teilregionaltyp 3b		874.3	742.2	536.1	142.8	11.5	6.4	

Lfd. Nr.	Station:	Jan.	Febr.	März	April	Mai	Juni	Quell.
9	Cherrapunji	11.4	69.1	238.3	716.0	1175.5	2436.4	I
10	Sunamganj	9.9	27.7	137.9	276.9	498.1	1017.5	III
11	Durgapur	10.4	19.3	57.9	128.0	413.0	682.2	III
12	Dalu	5.3	30.2	66.5	116.6	372.1	557.0	III
Teilregionaltyp 3c		9.3	36.6	125.2	148.3	614.7	1173.3	

Lfd. Nr.	Station:	Juli	Aug.	Sept.	Okt.	Nov.	Dez.	Quell.
9	Cherrapunji	2502.2	2027.9	964.7	540.0	82.0	7.9	I
10	Sunamganj	1163.6	1199.9	814.6	233.4	16.8	4.8	III
11	Durgapur	739.9	742.4	485.9	155.2	13.5	1.5	III
12	Dalu	554.2	557.0	355.6	135.9	12.7	2.0	III
Teilregionaltyp 3c..........		1240.0	1131.8	655.2	266.1	31.3	4.1	

	Jan.	Febr.	Märtz	April	Mai	Juni	Quell.
Regionaltyp 3	12.0	28.8	89.6	163.1	458.1	915.8	

	Juli	Aug.	Sept.	Okt.	Nov.	Dez.	Quell.
Regionaltyp 3	962.5	846.8	600.1	213.5	23.9	5.8	

(Tafel IVa, b)

Lfd. Nr.	Station:	Jan.	Febr.	März	April	Mai	Juni	Quell.
104	Madhubani	16.8	11.9	10.7	20.6	73.2	205.5	III
105	Roserha	14.5	11.7	9.1	11.4	60.7	175.3	III
106	Dongargarh	5.6	24.4	14.0	21.6	11.7	162.6	III
107	Lohardaga	24.6	31.0	24.6	17.5	39.9	194.3	III
108	Kanker	0.8	8.9	6.9	31.5	31.2	170.7	III
109	Gorakhpur	17.0	15.2	9.9	10.2	37.3	188.2	I
110	Gaya	16.0	21.8	12.2	5.6	27.7	187.7	I
111	Basti	19.6	13.2	9.9	7.4	29.5	155.7	III
112	Baraich	23.4	23.1	12.4	8.1	42.4	152.9	I
113	Kheri	23.4	21.8	12.4	6.9	29.2	157.5	III
114	Daltonganj	21.8	30.2	17.5	10.4	15.7	168.1	I
115	Garhwa	28.4	25.1	15.2	7.1	19.3	139.4	III
116	Buxar	17.0	18.5	9.9	4.3	17.3	131.8	II
117	Bhabua	17.8	21.6	10.7	4.6	18.0	132.8	III
118	Rae Bareli	15.2	13.0	5.3	4.6	8.9	117.9	III
119	Mirzapur	17.8	16.3	6.6	3.8	9.1	107.2	III
120	Mau	23.1	13.5	6.6	3.0	8.6	114.3	III
121	Sirathu	19.3	10.2	4.3	3.3	7.9	96.0	III
122	Cawnpore	13.0	16.8	7.6	5.3	10.2	84.3	I
123	Fatehpur	18.3	13.2	6.4	5.6	9.1	115.6	III
124	Partabgarh	3.8	3.3	1.3	1,3	10.2	115.1	III
125	Jalaun	12.7	10.7	7.4	3.6	8.4	80.5	III
126	Etawah	13.0	9.4	8.6	4.6	10.4	67.3	III
Teilregionaltyp 4a		14.2	16.7	10.0	8.8	23.3	139.6	

Lfd. Nr.	Station:	Juli	Aug.	Sept.	Okt.	Nov.	Dez.	Quell.
104	Madhubani	310.9	312.7	236.7	60.7	1.5	1.3	III
105	Roserha	312.2	341.9	248.9	38.1	2.5	2.0	III
106	Dongargarh	317.2	331.7	242.3	53.1	10.9	11.4	III
107	Lohardaga	327.9	354.1	222.3	68.1	8.9	8.6	III
108	Kanker	311.7	327.4	212.1	77.7	10.2	16.3	III
109	Gorakhpur	341.1	355.3	205.0	87.6	4.3	3.6	I
110	Gaya	330.2	335.8	201.7	52.6	11.4	3.3	I
111	Basti	328.2	335.0	217.9	68.3	2.0	4.1	III
112	Baraich	276.9	336.6	221.5	39.1	7.1	7.1	I
113	Kheri	291.3	331.2	183.1	36.3	4.6	9.7	III
114	Daltonganj	301.2	334.3	169.9	50.5	9.4	4.8	I
115	Garhwa	297.9	333.8	196.6	59.7	5.1	5.1	III
116	Buxar	272.5	306.8	179.1	69.9	11.2	5.3	II
117	Bhabua	290.1	307.1	189.7	65.3	12.2	5.6	III
118	Rae Bareli	272.3	288.0	179.1	32.5	3.0	5.8	III
119	Mirzapur	308.1	310.1	175.0	57.7	5.1	5.6	III
120	Mau	291.1	292.4	167.1	68.1	4.6	7.6	III
121	Sirathu	269.7	284.0	149.6	48.8	4.6	7.1	III
122	Cawnpore	268.0	289.1	171.2	32.3	10.2	4.6	I
123	Fatehpur	257.6	281.4	137.4	39.6	4.1	8.1	III
124	Partabgarh	261.4	264.7	127.3	13.5	4.6	5.1	III
125	Jalaun	262.6	266.4	126.7	15.7	1.8	6.4	III
126	Etawah	231.4	254.5	119.9	25.7	1.3	8.9	III
Teilregionaltyp 4a		292.7	311.9	229.6	50.5	6.1	6.4	

Lfd. Nr.	Station:	Jan.	Febr.	März	April	Mai	Juni	Quell.
72	Ramgarh	17.8	27.9	16.3	11.4	42.7	201.2	III
73	Raipur	7.4	21.6	17.5	16.3	25.4	228.9	I
74	Fyzabad	16.5	12.2	11.2	5.1	24.4	141.2	III
75	Arrah	16.0	18.8	11.9	7.1	36.6	172.2	I
76	Gopalganj..........	16.5	14.5	7.4	8.6	54.4	175.8	III
77	Gonda.............	17.5	16.5	9.1	5.6	26.9	150.6	III
78	Saugor	15.0	11.2	8.9	3.8	12.7	164.3	I
79	Sohagpur	33.5	25.7	12.2	14.5	9.1	156.5	III
80	Satna	22.4	18.5	12.2	5.1	12.2	150.4	I
81	Goona	11.2	7.6	4.8	4.3	8.4	149.6	III
82	Chapra	14.0	16.0	9.7	8.6	40.6	174.0	I
83	Bareilly	25.7	23.4	17.3	7.9	18.5	130.6	I
84	Azamgarh	15.7	14.0	8.4	5.3	17.8	121.9	III
85	Benares	17.0	16.8	9.1	4.3	15.5	126.7	I
86	Ballia	15.2	18.0	6.4	6.4	20.1	150.1	III
87	Shahganj	17.3	12.2	6.9	2.5	12.2	121.2	III
88	Karwi	16.8	11.7	5.8	3.8	4.6	119.4	III
89	Lucknow...........	19.6	16.5	8.9	6.6	25.7	113.5	I
90	Partabgarh	18.5	12.7	4.8	3.6	10.4	115.6	III
91	Bara-Banki	18.0	11.9	8.1	5.8	24.6	124.0	III
92	Biswan	20.1	12.4	8.9	8.1	18.0	112.0	III
93	Mau...............	16.0	13.0	5.6	3.3	6.4	113.0	III
94	Lalitpur	13.5	8.6	7.1	3.6	11.2	124.0	III
95	Banda	16.3	9.4	6.6	2.5	8.6	113.3	III
96	Jhansi.............	15.0	11.4	7.4	3.8	9.7	109.2	I
97	Rath	15.2	10.2	6.8	3.8	7.9	115.1	III
98	Bilhaur............	16.3	10.2	7.9	4.6	9.7	93.0	
99	Kalpi	11.9	9.9	4.6	5.1	9.1	107.2	III
100	Hamirpur	13.7	12.4	4.8	3.3	8.1	99.6	III
101	Orai..............	13.2	8.9	3.0	3.0	6.4	92.2	III
102	Shikohabad	10.2	10.4	8.9	4.8	7.4	79.2	III
103	Kunch	14.2	7.4	4.3	3.3	6.6	76.7	III
Teilregionaltyp 4b		16.5	14.1	8.5	5.8	17.2	131.9	

Fortsetzung umseitig

Lfd. Nr.	Station:	Jan.	Febr.	März	April	Mai	Juni	Quell.
127	Saharanpur	38.1	36.3	23.6	8.9	18.5	103.4	III
128	Bijnor	33.5	30.5	19.6	11.2	18.5	111.3	III
129	Hoshiarpur	52.6	45.7	33.8	15.0	20.1	79.8	III
130	Gurdaspur	52.1	45.2	38.4	14.2	19.6	89.2	III
131	Deoband...........	33.5	29.5	21.6	8.6	17.0	83.3	III
Teilregionaltyp 4c..........		42.0	37.4	27.4	11.6	18.7	93.4	

Fortsetzung umseitig

	Jan.	Febr.	März	April	Mai	Juni	Quell.
Regionaltyp 4	17.7	17.1	10.7	7.4	19.7	131.7	

Fortsetzung umseitig

Lfd. Nr.	Station:	Juli	Aug.	Sept.	Okt.	Nov.	Dez.	Quell.
72	Ramgarh	332.2	320.0	221.7	81.5	10.9	6.9	III
73	Raipur	366.8	348.7	188.7	53.6	10.2	6.1	I
74	Fyzabad	323.1	292.1	201.2	53.3	2.3	5.3	III
75	Arrah	322.6	295.9	202.4	64.5	6.9	3.8	I
76	Gopalganj	307.6	301.8	197.6	81.0	4.1	3.6	III
77	Gonda	320.3	320.8	209.3	44.5	2.3	6.9	III
78	Saugor	354.1	346.7	176.3	25.9	11.7	11.2	I
79	Sohagpur	374.9	358.1	215.1	52.6	18.8	9.7	III
80	Satna	347.7	324.6	173.0	53.3	8.6	9.1	I
81	Goona	328.4	325.2	146.3	10.4	6.9	7.1	III
82	Chapra	310.4	301.2	188.7	55.4	6.6	3.0	I
83	Bareilly	340.1	311.7	189.7	30.2	5.8	8.4	I
84	Azamgarh	316.0	314.5	192.5	69.9	3.0	6.1	III
85	Benares	293.1	293.1	180.8	60.5	7.6	5.3	I
86	Ballia	284.2	281.9	193.5	80.5	4.1	3.3	III
87	Shaganj	317.2	306.3	188.2	69.3	3.8	5.3	III
88	Karwi	309.6	284.7	175.3	57.7	7.9	7.6	III
89	Lucknow	290.8	276.6	179.6	30.0	4.8	7.1	
90	Partabgarh	296.7	292.4	175.5	58.9	5.6	11.2	III
91	Bara-Banki	280.7	277.1	177.3	37.6	2.5	8.6	III
92	Biswan	285.8	275.8	174.2	38.1	3.6	7.4	III
93	Mau	311.4	285.5	174.5	20.3	4.1	6.9	III
94	Lalitpur	326.4	319.8	154.7	23.4	5.3	8.9	III
95	Banda	304.3	290.6	152.9	33.8	8.4	7.9	III
96	Jhansi	293.9	285.8	150.4	22.1	4.3	5.8	I
97	Rath	291.6	262.9	145.0	22.1	4.3	6.6	III
98	Bilhaur	268.5	263.4	148.6	27.2	4.1	9.1	
99	Kalpi	280.2	249.9	116.3	18.8	3.6	9.1	III
100	Hamirpur	271.3	255.8	129.5	29.0	3.3	8.9	III
101	Orai	266.2	265.4	119.1	18.8	1.5	5.3	III
102	Shikohabad	285.8	263.4	110.2	35.6	1.0	9.9	III
103	Kunch	289.6	257.6	121.7	16.3	2.3	5.8	III
Teilregionaltyp 4b		309.1	295.3	171.2	43.0	5.6	7.1	

Lfd. Nr.	Station:	Juli	Aug.	Sept.	Okt.	Nov.	Dez.	Quell.
127	Saharanpur	291.3	280.4	133.4	12.4	4.1	15.7	III
128	Bijnor	308.6	296.9	159.5	15.5	2.8	11.9	III
129	Hoshiarpur	245.6	243.8	126.5	7.6	2.3	27.7	III
130	Gurdaspur	233.7	236.2	105.9	6.4	2.0	21.3	III
131	Deoband	256.3	230.4	134.1	10.4	2.5	11.2	III
Teilregionaltyp 4c		267.1	257.5	133.9	10.5	2.7	17.6	

	Juli	Aug.	Sept.	Okt.	Nov.	Dez.	Quell.
Regionaltyp 4	297.6	299.3	190.5	43.2	5.6	7.7	

(Tafel Va, b)

Lfd. Nr.	Station:	Jan.	Febr.	März	April	Mai	Juni	Quell.
132	Pachmarhi	16.8	16.8	12.2	8.1	15.5	245.4	I
133	Malkangiri	2.8	2.5	9.7	32.8	45.2	226.3	III
134	Jeypore............	2.5	6.4	13.0	49.5	57.9	249.4	III
135	Sambalpur	10.4	20.1	23.9	16.5	31.8	277.4	I
136	Raigarh............	9.9	18.5	19.3	13.7	12.4	224.0	III
137	Rampur	24.4	19.8	17.3	34.5	35.3	253.2	III
138	Bano	41.4	39.6	19.3	21.6	40.9	237.2	III
139	Korba	17.5	25.1	15.7	12.7	16.0	183.1	III
140	Sakoli	13.7	11.7	16.3	10.4	9.9	232.2	III
141	Jubbulpore.........	20.3	20.8	14.5	6.4	13.5	185.9	I
142	Armori	3.8	12.4	22.4	18.0	6.9	216.7	III
143	Sakti	22.1	38.1	28.4	20.8	16.8	246.6	III
144	Mandla	17.5	20.6	26.9	17.0	13.0	213.4	III
145	Sarangarh..........	8.6	18.5	18.3	16.3	16.0	200.7	III
146	Hoshangabad	9.1	10.4	6.4	3.3	14.7	156.7	I
Teilregionaltyp 5b		14.7	18.8	17.6	18.8	23.1	223.2	

Lfd. Nr.	Station:	Juli	Aug.	Sept.	Okt.	Nov.	Dez.	Quell.
132	Pachmarhi	601.0	591.8	350.8	55.1	18.5	11.7	I
133	Malkangiri	488.7	466.6	321.3	75.4	21.8	2.3	III
134	Jeypore............	537.0	539.2	326.9	85.1	29.7	7.6	III
135	Sambalpur	508.5	487.4	216.2	50.8	21.1	5.6	I
136	Raigarh............	500.1	465.8	214.6	53.8	11.4	6.1	III
137	Rampur	477.5	429.8	232.9	52.3	3.6	10.4	III
138	Bano	469.6	449.8	216.4	49.0	0.5	8.1	III
139	Korba	479.8	424.7	192.5	55.1	13.0	6.4	III
140	Sakoli	451.6	411.0	221.7	37.3	10.4	9.4	III
141	Jubbulpore.........	447.5	428.2	194.8	46.0	14.5	7.4	I
142	Armori	428.5	380.2	247.1	41.7	14.5	9.4	III
143	Sakti	422.7	386.8	231.4	58.2	0.3	7.4	III
144	Mandla	438.2	366.8	186.2	35.6	9.1	7.4	III
145	Sarangarh..........	412.2	353.3	200.4	62.2	9.9	4.8	III
146	Hoshangabad	385.8	380.7	212.9	33.5	15.7	10.9	I
Teilregionaltyp 5b		469.9	437.5	237.7	52.7	12.9	7.7	

Lfd. Nr.	Station:	Jan.	Febr.	März	April	Mai	Juni	Quell.
147	Deogarh	12.4	10.4	11.4	24.1	57.2	265.9	III
148	Palkot	25.4	31.5	20.1	35.3	41.7	242.1	III
149	Panna	19.3	19.8	9.4	8.9	11.9	174.0	III
150	Narsinghgarh	13.0	9.9	8.1	4.3	5.6	169.7	III
151	Rajim	0.8	22.6	17.5	47.5	4.1	175.0	III
152	Bardi	21.6	18.8	13.7	2.5	6.9	134.1	III
153	Umaria	16.8	35.3	8.6	11.7	7.6	73.7	III
Teilregionaltyp 5a		15.6	21.2	12.7	19.2	19.3	176.4	

Lfd. Nr.	Station:	Juli	Aug.	Sept.	Okt.	Nov.	Dez.	Quell.
147	Deogarh	493.0	538.0	221.2	90.4	3.8	11.9	III
148	Palkot	425.7	431.8	221.7	81.5	4.3	4.3	III
149	Panna	390.9	401.1	227.1	53.3	8.4	7.9	III
150	Narsinghgarh	363.0	378.0	223.8	10.7	11.4	14.0	III
151	Rajim	365.5	388.1	197.1	31.2	5.6	16.0	III
152	Bardi	364.7	399.8	186.2	47.5	9.7	9.1	III
153	Umaria	352.6	401.1	205.7	28.4	8.6	15.2	III
Teilregionaltyp 5a		393.6	419.7	211.8	49.0	7.4	11.2	

Lfd. Nr.	Station:	Jan.	Febr.	März	April	Mai	Juni	Quell.
202	Mussooree	59.4	113.5	81.3	62.0	96.0	327.9	I
205	Chakrata...........	112.5	116.1	78.5	42.9	64.0	201.9	II
Teilregionaltyp 5c_1		86.0	114.8	79.9	52.5	80.0	264.9	

Lfd. Nr.	Station:	Juli	Aug.	Sept.	Okt.	Nov.	Dez.	Quell.
202	Mussooree	845.8	671.6	420.6	69.3	9.9	28.7	I
205	Chakrata...........	504.2	492.3	172.2	21.1	15.5	33.3	II
Teilregionaltyp 5c_1		675.0	582.0	296.4	45.2	12.7	31.0	

Lfd. Nr.	Station:	Jan.	Febr.	März	April	Mai	Juni	Quell.
203	Dehra Dun	57.7	59.7	31.8	18.8	36.6	223.3	I
204	Koldwara	48.0	59.2	22.6	16.5	21.3	213.4	III
206	Simla..............	68.8	79.5	67.8	49.3	72.9	181.1	I
Teilregionaltyp 5c_2		58.2	66.1	40.7	28.2	43.6	205.9	

Lfd. Nr.	Station:	Juli	Aug.	Sept.	Okt.	Nov.	Dez.	Quell.
203	Dehra Dun	650.0	731.0	246.9	27.2	9.7	19.8	I
204	Koldwara	619.0	629.4	232.7	29.0	4.8	19.3	III
206	Simla..............	428.8	440.2	157.5	27.4	13.2	28.2	I
Teilregionaltyp 5c_2		565.9	600.2	212.4	27.9	9.2	22.4	

	Jan.	Febr.	März	April	Mai	Juni	Quell.
Regionaltyp 5	15.0	19.5	16.0	18.9	21.9	208.3	

	Juli	Aug.	Sept.	Okt.	Nov.	Dez.	Quell.
Regionaltyp 5	445.6	431.8	229.5	51.5	11.2	8.8	

(Tafel VI)

Lfd. Nr.	Station:	Jan.	Febr.	März	April	Mai	Juni	Quell.
154	Jagdalpur	13.7	24.6	12.4	44.2	61.5	252.2	I
155	Sonepur	6.9	5.3	10.9	40.9	11.2	248.4	III
168	Patna	13.5	18.0	11.9	7.6	42.4	206.2	I
169	Darbhanga	11.7	13.7	12.7	18.3	70.6	204.0	I
170	Muzaffarpur	13.2	13.7	11.9	13.0	60.2	207.0	I
171	Dehri	14.7	19.8	11.9	6.1	21.1	154.2	I
Teilregionaltyp 6a		12.3	15.9	12.0	21.7	44.5	212.0	

Lfd. Nr.	Station:	Juli	Aug.	Sept.	Okt.	Nov.	Dez.	Quell.
154	Jagdalpur	377.7	421.4	277.9	106.4	24.4	4.1	I
155	Sonepur	341.9	393.2	204.5	37.6	0.0	9.7	III
168	Patna	303.3	344.2	211.6	64.5	7.1	2.3	I
169	Darbhanga	295.7	354.6	227.6	60.7	5.3	2.0	I
170	Muzaffarpur	316.7	340.9	191.5	65.3	5.8	1.5	I
171	Dehri	269.0	335.3	174.8	54.6	11.7	5.6	I
Teilregionaltyp 6a		317.4	364.9	214.7	64.9	9.1	4.2	

Lfd. Nr.	Station:	Jan.	Febr.	März	April	Mai	Juni	Quell.
156	Ahiri	5.8	10.4	8.6	28.7	1.3	280.7	III
157	Bagaha	18.8	15.0	14.2	14.7	77.5	256.8	III
158	Seoni	14.7	23.9	17.0	11.7	20.1	236.5	I
159	Simga	7.6	13.7	10.9	16.5	15.7	199.6	III
160	Drug	8.4	14.5	11.9	15.5	13.7	215.1	III
161	Chatra	23.9	32.0	19.3	7.9	37.1	208.3	III
162	Sironcha	7.6	7.1	12.4	17.3	32.3	167.4	III
163	Bilaspur	13.2	16.5	21.1	19.6	22.4	197.9	III
164	Bansi	18.8	17.0	10.2	11.2	39.4	187.2	III
165	Chanda	6.4	19.6	22.9	16.8	18.0	194.6	I
166	Pilibhit	26.2	29.5	17.3	9.1	25.9	161.8	III
167	Bhopal	8.6	5.3	3.6	1.3	7.4	157.5	III
172	Badnur	13.0	8.1	13.0	7.9	10.2	177.3	III
173	Jamui	17.8	21.6	10.9	11.2	47.8	173.2	III
174	Harda	8.9	4.3	3.8	1.3	8.1	170.2	III
Teilregionaltyp 6b		13.3	15.9	13.1	12.7	25.1	198.9	

Lfd. Nr.	Station:	Juli	Aug.	Sept.	Okt.	Nov.	Dez.	Quell.
156	Ahiri	501.1	402.3	299.0	21.6	17.8	3.3	III
157	Bagaha	442.0	376.4	249.7	53.1	4.3	3.3	III
158	Seoni	386.8	335.0	229.6	48.0	15.0	13.5	I
159	Simga	342.1	294.9	175.0	31.2	6.4	4.6	III
160	Drug	362.2	320.8	198.4	43.9	11.7	5.1	III
161	Chatra	379.0	303.5	201.7	56.1	4.3	5.3	III
162	Sironcha	361.4	291.1	212.1	54.6	14.2	7.6	III
163	Bilaspur	374.9	320.0	199.9	46.7	11.7	7.4	III
164	Bansi	384.6	324.1	220.5	68.8	1.5	4.6	III
165	Chanda	408.9	330.7	233.2	43.9	17.3	6.1	I
166	Pilibhit	439.4	357.6	216.7	31.8	3.3	11.2	III
167	Bhopal	397.5	323.6	192.5	22.4	9.1	8.9	III
172	Badnur	318.5	269.0	220.5	46.7	11.4	14.0	III
173	Jamui	329.4	287.3	200.7	51.6	3.0	1.3	III
174	Harda	318.3	299.0	223.0	30.2	6.4	9.4	III
Teilregionaltyp 6b		383.1	322.3	218.2	43.4	9.2	7.0	

	Jan.	Febr.	März	April	Mai	Juni	Quell.
Regionaltyp 6	13.0	15.9	12.8	15.3	30.6	202.7	

	Juli	Aug.	Sept.	Okt.	Nov.	Dez.	Quell.
Regionaltyp 6	364.3	334.5	217.2	49.5	9.1	6.2	

(Tafel VII)

Lfd. Nr.	Station:	Jan.	Febr.	März	April	Mai	Juni	Quell.
175	Neemuch	5.3	5.1	2.0	3.0	17.0	112.3	I
176	Kotah	6.9	7.4	3.0	8.4	15.0	74.7	I
177	Bari	8.9	8.9	4.8	5.3	7.4	64.5	III
178	Etah	13.0	10.2	11.2	3.8	10.7	73.4	III
179	Aligarh	16.8	13.5	11.9	4.3	10.2	63.8	III
180	Agra	13.7	12.2	8.9	6.1	11.9	59.7	I
181	Deesa	2.8	4.1	2.0	0.8	10.9	55.4	I
182	Muttra	14.7	9.4	7.1	4.6	13.5	60.7	III
183	Jaipur	11.9	7.4	9.4	4.3	14.7	58.4	I
184	Udaipur	2.8	3.6	2.5	4.1	9.0	83.8	I
185	Madhopur	11.7	13.7	8.4	5.3	15.5	56.1	III
186	Khetri	15.0	15.0	9.4	5.8	14.5	58.2	III
187	Beawar	5.1	4.3	4.1	3.0	9.4	56.1	III
188	Erinpura	4.1	5.6	2.3	1.5	9.4	47.5	III
189	Nagar Parkar	0.8	5.6	2.5	1.5	1.5	10.7	III
Teilregionaltyp 7a		8.9	8.4	6.0	4.1	12.7	62.4	

Lfd. Nr.	Station:	Juli	Aug.	Sept.	Okt.	Nov.	Dez.	Quell.
175	Neemuch	225.8	224.3	123.2	13.7	5.3	4.3	I
176	Kotah	241.3	224.8	112.0	14.2	2.8	6.6	I
177	Bari	230.4	219.5	116.6	19.3	2.0	6.4	III
178	Etah	226.3	208.8	113.3	25.7	1.0	7.1	III
179	Aligarh	216.9	198.1	109.0	18.8	1.5	9.9	III
180	Agra	231.6	207.0	102.9	19.3	3.0	6.9	I
181	Deesa	228.6	218.9	89.9	10.4	2.5	1.0	I
182	Muttra	207.3	204.0	104.4	13.5	1.8	7.6	III
183	Jaipur	203.7	201.4	86.6	8.1	3.6	5.3	I
184	Udaipur	184.2	175.8	98.0	16.8	1.5	2.0	I
185	Madhopur	178.3	173.7	58.2	3.3	3.3	11.4	III
186	Khetri	184.9	167.6	64.5	6.1	3.3	9.1	III
187	Beawar	173.7	149.1	76.5	4.1	3.8	6.4	III
188	Erinpura	147.8	143.5	73.7	8.4	4.1	3.3	III
189	Nagar Parkar	144.8	133.9	30.5	1.0	2.5	0.8	III
Teilregionaltyp 7a		201.7	190.0	90.6	12.2	2.8	5.9	

Lfd. Nr.	Station:	Jan.	Febr.	März	April	Mai	Juni	Quell.
190	Alwar	13.5	13.0	7.4	5.1	21.1	78.0	III
191	Bulandshahr	18.5	18.8	9.7	6.9	13.5	71.1	III
192	Mainpuri	16.0	17.5	8.1	8.9	14.0	63.0	I
193	Khurja	14.7	15.5	10.9	4.1	9.9	68.6	III
194	Malpura	8.1	4.1	6.9	3.6	4.3	33.8	III
195	Ajmer	9.1	6.4	4.8	4.3	15.2	61.2	I
Teilregionaltyp 7b		13.3	12.6	8.0	5.5	13.0	62.6	

Lfd. Nr.	Station:	Juli	Aug.	Sept.	Okt.	Nov.	Dez.	Quell.
190	Alwar	223.8	226.8	117.9	18.5	4.1	11.2	III
191	Bulandshahr	210.8	223.3	123.2	12.4	1.5	13.0	III
192	Mainpuri	185.4	220.7	112.0	28.7	4.6	8.6	I
193	Khurja	188.7	193.5	107.4	10.9	1.0	11.2	III
194	Malpura	173.7	195.8	64.8	0.5	0.5	5.6	III
195	Ajmer	164.1	171.5	67.8	8.4	4.6	7.1	I
Teilregionaltyp 7b		191.1	205.3	98.9	13.2	2.7	9.5	

Lfd. Nr.	Station:	Jan.	Febr.	März	April	Mai	Juni	Quell.
196	Meerut	32.5	22.4	15.7	10.9	16.5	79.5	I
197	Delhi	26.4	19.3	13.2	9.9	14.7	75.9	I
Teilregionaltyp 7c		29.5	20.9	14.5	10.4	15.6	77.7	

Lfd. Nr.	Station:	Juli	Aug.	Sept.	Okt.	Nov.	Dez.	Quell.
196	Meerut	230.9	220.7	154.2	14.2	3.8	10.4	I
197	Delhi	191.3	188.5	121.4	8.1	2.8	10.2	I
Teilregionaltyp 7c		211.1	204.6	137.8	11.2	3.3	10.3	

Lfd. Nr.	Station:	Jan.	Febr.	März	April	Mai	Juni	Quell.
198	Ambala	37.8	41.9	22.9	14.7	22.1	95.3	I
199	Rupar	40.9	38.9	16.8	13.0	14.2	71.4	III
200	Rawalpindi	63.2	55.6	62.0	49.3	34.0	56.9	I
201	Sialkot	53.6	40.4	40.1	23.9	28.7	62.5	I
Teilregionaltyp 7d		48.9	44.2	35.5	25.2	24.8	71.5	

Lfd. Nr.	Station:	Juli	Aug.	Sept.	Okt.	Nov.	Dez.	Quell.
198	Ambala	186.7	195.6	116.8	19.1	7.1	14.5	I
199	Rupar	186.4	218.2	101.6	8.1	4.3	17.3	III
200	Rawalpindi	194.6	232.2	87.9	13.0	6.6	27.9	I
201	Sialkot	199.6	226.3	85.6	7.6	2.8	16.8	I
Teilregionaltyp 7d		191.8	218.1	98.0	12.0	5.2	19.6	

	Jan.	Febr.	März	April	Mai	Juni	Quell.
Regionaltyp 7	17.3	15.5	11.4	8.0	14.8	64.9	

	Juli	Aug.	Sept.	Okt.	Nov.	Dez.	Quell.
Regionaltyp 7	198.6	198.6	97.0	12.3	3.2	8.9	

(Tafel VIII)

Lfd. Nr.	Station:	Jan.	Febr.	März	April	Mai	Juni	Quell.
207	Baroda	0.5	3.6	1.3	0.3	5.3	119.6	III
208	Cambay	0.5	3.0	1.0	0.5	2.0	98.8	III
209	Ahmadabad	0.5	3.0	2.0	0.8	10.9	110.0	I
210	Jhabua	2.0	4.3	0.3	0.8	8.4	112.5	III
211	Dungarpur	1.0	3.0	0.5	2.5	14.0	69.6	III
212	Jamnagar	1.3	2.5	3.8	1.0	2.3	71.4	I
213	Porbandar	1.5	3.3	1.5	0.0	1.3	108.7	III
Teilregionaltyp 8a		1.0	3.2	1.5	0.8	6.3	88.5	

Lfd. Nr.	Station:	Juli	Aug.	Sept.	Okt.	Nov.	Dez.	Quell.
207	Baroda	348.0	248.2	138.9	11.7	2.3	1.5	III
208	Cambay	272.3	198.6	111.8	18.0	3.8	0.8	III
209	Ahmadabad	285.2	205.5	94.7	15.0	3.8	0.8	I
210	Jhabua	270.3	190.8	130.6	15.7	2.8	3.6	III
211	Dungarpur	238.0	172.5	97.8	6.9	0.0	2.3	III
212	Jamnagar	215.6	143.5	55.1	11.7	0.3	1.0	I
213	Porbandar	200.2	118.9	43.2	3.0	14.0	2.0	III
Teilregionaltyp 8a		261.4	182.6	96.0	11.7	3.8	1.7	

Lfd. Nr.	Station:	Jan.	Febr.	März	April	Mai	Juni	Quell.
214	Rajkot	1.0	2.5	1.8	0.8	10.9	109.5	I
215	Jafrabad	0.5	2.3	1.5	0.0	0.3	87.6	III
216	Jetalsar............	1.3	2.5	1.5	0.3	3.8	118.6	III
217	Mandvi	1.8	3.6	1.0	3.0	1.0	61.2	III
Teilregionaltyp 8b		1.2	2.7	1.5	1.0	4.0	94.2	

Lfd. Nr.	Station:	Juli	Aug.	Sept.	Okt.	Nov.	Dez.	Quell.
214	Rajkot	276.9	145.9	96.0	16.5	5.8	1.0	I
215	Jafrabad	216.9	118.9	45.5	16.3	2.5	2.3	III
216	Jetalsar............	299.2	154.9	83.8	24.6	11.2	0.8	III
217	Mandvi	281.7	104.6	50.3	1.5	2.3	0.5	III
Teilregionaltyp 8b		279.9	130.9	68.9	14.7	5.5	1.2	

Lfd. Nr.	Station:	Jan.	Febr.	März	April	Mai	Juni	Quell.
218	Bhuj	2.0	3.0	3.0	1.8	1.8	45.5	I
219	Dwarka	2.0	8.1	5.1	1.3	0.3	54.4	I
220	Rampur	1.3	2.5	1.3	1.5	3.0	34.5	III
Teilregionaltyp 8c..........		1.8	4.5	3.1	1.5	1.7	44.8	

Lfd. Nr.	Station:	Juli	Aug.	Sept.	Okt.	Nov.	Dez.	Quell.
218	Bhuj	163.3	82.3	47.8	11.2	2.0	1.0	I
219	Dwarka	153.2	81.3	26.9	9.1	0.8	1.0	I
220	Rampur	176.3	106.7	61.0	8.6	2.8	0.8	III
Teilregionaltyp 8c		164.3	90.1	45.2	9.6	1.9	0.9	

Lfd. Nr.	Station:	Jan.	Febr.	März	April	Mai	Juni	Quell.
221	Shahbandar	6.1	7.6	4.3	0.3	2.3	23.4	III

Lfd. Nr.	Station:	Juli	Aug.	Sept.	Okt.	Nov.	Dez.	Quell.
221	Shahbandar	138.2	39.4	15.2	0.0	0.0	0.8	III

	Jan.	Febr.	März	April	Mai	Juni	Quell.
Regionaltyp 8	1.6	3.7	2.0	1.0	4.5	76.9	

	Juli	Aug.	Sept.	Okt.	Nov.	Dez.	Quell.
Regionaltyp 8	238.7	140.7	73.2	11.3	3.6	1.3	

(Tafel IX)

Lfd. Nr.	Station:	Jan.	Febr.	März	April	Mai	Juni	Quell.
222	Rohtak	16.3	11.4	13.2	7.9	14.0	52.3	III
223	Merta	4.8	8.1	5.8	6.1	11.4	28.4	III
224	Jalor	1.0	7.9	1.5	2.3	4.3	35.6	III
225	Tohana	17 0	17.3	13.5	9.4	10.4	43.9	III
226	Lahore	26.7	23.9	21.8	13.7	17.8	42.7	I
227	Hafizabad	26.7	29.0	19.6	18.3	15.5	38.6	III
228	Kasur	19.1	17.5	15.7	9.4	8.4	39.6	III
229	Pachpatra	6.6	3.8	2.5	2.0	13.0	32.5	III
230	Shergarh	2.8	6.1	1.0	3.6	5.1	35.1	III
231	Sirsa	14.2	9.1	10.7	6.1	14.2	42.2	III
232	Harnai	20.6	26.9	33.3	21.1	13.0	15.5	I
233	Khushab	19.6	22.6	29.2	26.7	20.1	34.8	I
234	Shapur	18.5	24.9	22.1	18.5	20.1	29.5	III
235	Sahiwal	19.1	18.3	19.1	13.5	16.3	32.3	III
236	Haidarabad (Sind)	5.1	6.9	6.1	1.3	5.1	11.4	I
237	Karachi	13.2	9.9	8.4	4.3	1.8	21.8	I
238	Dera Ism. Khan	12.4	16.5	25.9	18.8	10.2	17.0	I
239	Fort Sandeman	15.2	23.9	30.7	28.2	19.1	15.5	I
240	Multan	10.7	9.1	10.9	6.9	8.9	15.7	I
241	Bahawalpur	10.7	7.4	9.9	7.1	7.6	15.2	I
242	Alipur	6.7	8.6	4.8	6.4	4.1	10.2	III
243	Leiah	10.2	9.7	13.2	11.9	7.4	10.9	III
244	Isa Khel	19.1	24.6	22.4	23.4	17.0	16.0	III
245	Sehwan	8.9	8.6	3.3	4.8	3.8	13.5	III
246	Dera Gh. Khan	10.9	9.7	12.2	8.4	9.7	12.7	III
Teilregionaltyp 9a		13.5	14.5	14.3	11.2	11.1	26.5	

Lfd. Nr.	Station:	Jan.	Febr.	März	April	Mai	Juni	Quell.
247	Suratgarh	5.8	12.2	0.8	15.0	2.5	30.7	III
248	Ratangarh	1.5	9.1	5.1	5.6	2.0	38.6	III
249	Hissar	15.0	11.4	9.7	8.4	16.0	32.3	I
250	Chakwal	32.8	31.2	31.8	23.6	23.6	28.4	III
251	Pind D. Khan	33.3	28.2	23.6	17.8	14.5	30.7	III
252	Lyallpur	10.9	8.6	12.7	14.5	13.2	29.0	I
253	Montgomery	14.2	11.7	12.4	9.1	8.9	22.4	I
254	Fazilka	16.0	15.0	10.9	8.1	10.9	32.0	III
255	Bikaner	8.6	7.1	6.6	5.6	18.3	36.8	I
256	Bap	1.8	5.6	1.8	4.3	2.0	16.5	III
257	Shorkot	9.7	11.2	11.7	12.4	6.9	18.3	III
258	Jaisalmer	5.3	5.1	3.8	3.3	5.6	17.5	III
259	Hala	5.1	10.9	4.3	1.8	9.7	13.7	III
260	Shujabad	6.4	8.4	6.6	3.8	4.1	8.1	III
261	Naushaho	5.1	7.1	5.3	1.0	2.5	8.9	I
262	Jacobabad	6.6	8.1	6.1	5.1	3.6	5.1	I
263	Rajanpur	8.1	9.4	5.3	5.8	8.1	5.6	III
264	Mehar	8.9	8.1	8.4	4.3	2.0	11.4	III
Teilregionaltyp 9b		10.8	11.6	9.3	8.3	8.6	21.4	

Lfd. Nr.	Station:	Juli	Aug.	Sept.	Okt.	Nov.	Dez.	Quell.
222	Rohtak	140.2	129.8	94.2	7.1	1.0	12.2	III
223	Merta	131.1	121.2	69.9	2.8	2.0	6.6	III
224	Jalor	113.8	116.3	69.6	1.5	7.1	2.3	III
225	Tohana	117.6	111.0	67.1	7.4	1.0	4.3	III
226	Lahore	139.2	135.4	59.9	6.4	1.8	9.1	I
227	Hafizabad	118.9	106.9	46.0	6.1	1.8	12.2	III
228	Kasur	109.2	93.7	51.6	5.3	1.3	6.9	III
229	Pachpatra	92.5	94.2	51.3	1.3	1.5	2.5	III
230	Shergarh	96.5	79.2	43.2	0.8	1.3	3.3	III
231	Sirsa	91.7	81.8	54.4	4.6	0.5	8.4	III
232	Harnai	78.0	71.9	26.9	8.6	6.9	16.3	I
233	Khushab	92.5	81.8	33.3	4.3	2.0	11.4	I
234	Shapur	87.1	76.2	35.6	4.3	5.8	6.9	III
235	Sahiwal	79.5	59.2	17.8	16.8	2.8	7.6	III
236	Haidarabad (Sind)	72.4	53.8	15.2	0.5	1.5	1.5	I
237	Karachi	74.7	42.4	10.7	0.3	1.0	3.6	I
238	Dera Ism. Khan	55.4	49.3	14.0	2.3	4.1	5.1	I
239	Fort Sandeman	57.4	51.1	10.9	5.6	6.4	14.2	I
240	Multan	51.3	50.3	10.4	1.3	1.8	5.6	I
241	Bahawalpur	55.1	24.6	2.5	0.0	0.3	8.1	I
242	Alipur	53.1	37.8	8.6	0.8	1.0	3.6	III
243	Leiah	52.1	41.4	19.3	0.5	0.8	5.1	III
244	Isa Khel	50.3	43.7	22.9	1.3	7.1	6.9	III
245	Sehwan	42.2	33.3	7.9	0.8	2.0	2.3	III
246	Dera Gh. Khan	32.8	32.8	11.2	0.8	2.0	5.6	III
Teilregionaltyp 9a		83.4	72.7	34.2	3.7	2.5	6.9	

Lfd. Nr.	Station:	Juli	Aug.	Sept.	Okt.	Nov.	Dez.	Quell.
247	Suratgarh	53.3	105.7	77.5	1.8	0.0	3.0	III
248	Ratangarh	66.5	118.9	68.3	0.5	0.0	7.1	III
249	Hissar	107.7	137.9	76.5	21.3	1.8	10.9	I
250	Chakwal	105.2	114.3	56.4	5.3	5.6	13.2	III
251	Pind D. Khan	102.4	111.0	51.1	5.1	6.9	10.2	III
252	Lyallpur	76.7	107.7	42.9	6.1	4.1	8.4	I
253	Montgomery	56.4	83.3	38.9	1.5	1.8	7.6	I
254	Fazilka	66.0	75.7	37.6	1.3	1.0	5.8	III
255	Bikaner	78.7	88.1	37.3	6.6	1.0	4.6	I
256	Bap	51.3	73.7	23.4	0.3	0.0	0.3	III
257	Shorkot	53.6	60.2	21.6	1.0	1.5	3.8	III
258	Jaisalmer	55.1	57.9	21.1	0.3	1.0	1.8	III
259	Hala	55.4	59.2	8.1	0.0	0.3	1.8	III
260	Shujabad	25.4	32.8	21.3	0.0	1.5	4.3	III
261	Naushaho	28.2	33.0	14.2	0.0	0.5	3.6	I
262	Jacobabad	22.6	24.9	5.3	1.0	1.8	3.3	I
263	Rajanpur	19.8	22.6	6.4	0.3	0.8	2.3	III
264	Mehar	17.0	20.3	3.0	0.0	0.8	2.3	III
Teilregionaltyp 9b		57.9	73.7	33.9	2.9	1.7	5.2	

	Jan.	Febr.	März	April	Mai	Juni	Quell.
Regionaltyp 9	12.4	13.3	12.2	10.0	10.1	24.4	

	Juli	Aug.	Sept.	Okt.	Nov.	Dez.	Quell.
Regionaltyp 9	72.7	73.2	34.1	3.3	2.2	6.2	

(Tafel X)

Lfd. Nr.	Station:	Jan.	Febr.	März	April	Mai	Juni	Quell.
281	Mahabaleshwar	3.6	2.0	3.3	34.0	48.8	1174.0	I
282	Murbad	3.8	1.0	0.3	4.1	17.5	371.6	III
283	Dharampur	0.5	5.1	1.0	0.8	6.1	303.8	III
Teilregionaltyp 10a		2.6	2.7	1.5	13.0	24.1	616.5	

Lfd. Nr.	Station:	Juli	Aug.	Sept.	Okt.	Nov.	Dez.	Quell.
281	Mahabaleshwar	2660.4	1899.4	720.1	152.4	38.6	7.1	I
282	Murbad	991.4	676.4	355.6	78.7	9.4	0.8	III
283	Dharampur	891.8	612.1	300.0	29.7	5.3	1.5	III
Teilregionaltyp 10a		1514.5	1062.6	458.6	86.9	17.8	3.1	

Lfd. Nr.	Station:	Jan.	Febr.	März	April	Mai	Juni	Quell.
284	Coondapoor	5.1	0.3	2.5	20.8	133.9	997.0	III
285	Karwar	1.3	1.0	0.0	13.2	82.0	940.6	I
286	Ratnagiri	2.5	1.3	1.0	2.0	34.5	732.0	I
287	Marmagao	0.8	0.5	0.3	18.8	42.7	765.3	II
Teilregionaltyp 10b		2.4	0.8	1.0	13.7	73.3	858.7	

Lfd. Nr.	Station:	Juli	Aug.	Sept.	Okt.	Nov.	Dez.	Quell.
284	Coondapoor	1165.9	680.2	363.2	179.6	39.6	8.4	III
285	Karwar	966.7	543.1	305.6	143.0	48.8	5.8	I
286	Ratnagiri	837.7	501.4	306.8	94.5	23.6	2.0	I
287	Marmagao	816.4	395.7	216.9	96.3	25.1	4.8	II
Teilregionaltyp 10b		946.7	530.1	298.1	128.4	34.3	5.3	

	Jan.	Febr.	März	April	Mai	Juni	Quell.
Regionaltyp 10	2.5	1.6	1.2	13.4	52.2	754.9	

	Juli	Aug.	Sept.	Okt.	Nov.	Dez.	Quell.
Regionaltyp 10	1190.0	758.3	366.9	110.6	27.2	4.3	

(Tafel XI a)

Lfd. Nr.	Station:	Jan.	Febr.	März	April	Mai	Juni	Quell.
278	Belgaum	3.3	1.2	6.9	40.6	62.5	206.8	I
279	Satara.............	2.3	1.8	3.6	20.3	43.7	174.2	III
280	Kolhapur	3.3	2.5	4.3	32.0	55.1	171.5	III
Teilregionaltyp 11a		3.0	1.5	4.9	31.0	53.8	184.2	

Lfd. Nr.	Station:	Juli	Aug.	Sept.	Okt.	Nov.	Dez.	Quell.
278	Belgaum	410.2	245.6	124.0	118.6	44.2	9.4	I
279	Satara.............	351.5	188.2	108.7	96.8	26.2	10.2	III
280	Kolhapur	331.7	910.5	103.1	121.9	24.9	7.1	III
Teilregionaltyp 11a		364.5	208.1	111.9	112.4	31.8	8.9	

(Tafel XI b)

Lfd. Nr.	Station:	Jan.	Febr.	März	April	Mai	Juni	Quell.
288	Sirsi	2.8	0.8	8.1	27.7	69.9	555.0	III
289	Nagar	1.5	0.0	10.7	38.6	47.8	662.9	III
290	Mercara............	3.8	4.8	15.5	66.8	143.5	669.5	I
Teilregionaltyp $11b_1$		2.7	1.9	11.4	44.4	87.1	629.1	

Lfd. Nr.	Station:	Juli	Aug.	Sept.	Okt.	Nov.	Dez.	Quell.
288	Sirsi	957.6	502.9	185.4	149.1	39.1	8.6	III
289	Nagar	988.1	498.6	160.5	124.5	31.5	8.4	III
290	Mercara............	1039.6	646.4	274.8	221.5	81.5	18.8	I
Teilregionaltyp $11b_1$		995.1	549.3	206.9	165.0	50.7	11.9	

Lfd. Nr.	Station:	Jan.	Febr.	März	April	Mai	Juni	Quell.
291	Mangalore..........	1.5	1.5	2.0	32.5	157.5	934.2	I
292	Cannanore	7.6	5.3	5.3	66.0	195.3	958.1	III
293	Badagara	10.7	7.9	11.4	86.4	216.9	966.7	III
Teilregionaltyp $11b_2$		6.6	4.9	6.2	61.6	189.9	953.0	

Lfd. Nr.	Station:	Juli	Aug.	Sept.	Okt.	Nov.	Dez.	Quell.
291	Mangalore..........	942.6	572.5	264.7	191.3	79.2	12.7	I
292	Cannanore	927.1	485.4	216.9	182.4	88.6	15.2	III
293	Badagara	928.1	457.5	205.5	205.5	106.4	15.2	III
Teilregionaltyp $11b_2$		932.6	505.1	229.0	193.1	91.4	14.4	

Lfd. Nr.	Station:	Jan.	Febr.	März	April	Mai	Juni	Quell.
294	Calicut	10.2	4.1	11.9	83.3	216.7	865.6	I
295	Cochin	17.5	20.1	50.8	119.6	296.4	723.6	I
Teilregionaltyp 11c.........		13.9	12.1	31.4	101.5	256.6	794.6	

Lfd. Nr.	Station:	Juli	Aug.	Sept.	Okt.	Nov.	Dez.	Quell.
294	Calicut	768.1	395.7	196.3	259.6	136.7	27.7	I
295	Cochin	580.1	327.4	228.1	335.8	166.1	44.2	I
Teilregionaltyp 11c.........		674.1	361.6	212.2	297.7	151.4	36.0	

Lfd. Nr.	Station:	Jan.	Febr.	März	April	Mai	Juni	Quell.
296	Palghat............	6.4	6.9	24.1	77.0	130.6	426.0	III
297	Trivandrum........	18.8	15.5	41.1	113.5	214.6	340.1	I

Lfd. Nr.	Station:	Juli	Aug.	Sept.	Okt.	Nov.	Dez.	Quell.
296	Palghat............	538.5	308.1	151.9	210.1	85.9	25.7	III
297	Trivandrum........	188.2	103.4	105.2	268.7	167.4	62.0	I

	Jan.	Febr.	März	April	Mai	Juni	Quell.
Regionaltyp 11	6.9	5.7	15.5	66.4	163.8	751.3	

	Juli	Aug.	Sept.	Okt.	Nov.	Dez.	Quell.
Regionaltyp 11	852.2	466.1	209.2	208.9	90.6	19.6	

(Tafel XII A)

Lfd. Nr.	Station:	Jan.	Febr.	März	April	Mai	Juni	Quell.
274	Malvan	2.0	1.8	0.0	5.8	46.0	646.9	III
275	Bombay	2.5	2.0	1.8	1.3	21.3	465.1	I
Teilregionaltyp 12 A_1.......		2.3	1.9	0.9	3.6	33.7	556.0	

Lfd. Nr.	Station:	Juli	Aug.	Sept.	Okt.	Nov.	Dez.	Quell.
274	Malvan	750.3	345.4	243.6	65.5	23.9	3.6	III
275	Bombay	616.2	350.5	266.7	54.9	10.4	1.3	I
Teilregionaltyp 12 A_1		683.3	348.0	255.2	60.2	17.2	2.5	

Lfd. Nr.	Station:	Jan.	Febr.	März	April	Mai	Juni	Quell.
276	Broach	1.0	2.5	0.5	0.5	3.3	183.9	III
277	Surat	3.6	1.8	0.5	1.0	6.1	211.8	I
Teilregionaltyp 12 A_2.......		2.3	2.2	0.5	0.8	4.7	197.9	

Lfd. Nr.	Station:	Juli	Aug.	Sept.	Okt.	Nov.	Dez.	Quell.
276	Broach	438.4	208.8	161.5	29.2	2.5	1.0	III
277	Surat	424.2	191.8	149.6	44.5	4.8	1.0	I
Teilregionaltyp 12 A_2		431.3	200.3	155.6	36.9	3.7	1.0	

	Jan.	Febr.	März	April	Mai	Juni	Quell.
Regionaltyp 12 A	1.3	2.0	0.7	2.2	19.2	376.9	

	Juli	Aug.	Sept.	Okt.	Nov.	Dez.	Quell.
Regionaltyp 12 A	557.3	249.1	205.4	48.5	10.4	1.7	

(Tafel XII B)

Lfd. Nr.	Station:	Jan.	Febr.	März	April	Mai	Juni	Quell.
298	Wardha............	8.9	10.2	9.7	9.7	16.0	163.6	III
299	Nizamabad	3.6	13.0	11.9	22.9	15.5	136.9	I
300	Umarkhed	2.0	8.9	8.9	13.5	9.1	129.5	III
Teilregionaltyp 12 B_3		4.8	10.7	10.2	15.4	13.5	143.3	

Lfd. Nr.	Station:	Juli	Aug.	Sept.	Okt.	Nov.	Dez.	Quell.
298	Wardha............	315.0	238.5	196.3	54.9	14.2	10.4	III
299	Nizamabad	266.2	258.8	231.6	40.4	15.0	4.8	I
300	Umarkhed	255.5	229.1	193.3	37.8	14.0	4.6	III
Teilregionaltyp 12 B_3		278.9	242.1	207.1	44.4	14.4	6.6	

Lfd. Nr.	Station:	Jan.	Febr.	März	April	Mai	Juni	Quell.
301	Basim	9.1	7.1	5.6	7.1	11.4	150.9	III
302	Indore.............	7.1	4.6	1.5	3.6	14.7	144.8	I
303	Burhanpur	6.6	3.6	2.3	1.3	7.9	148.6	III
304	Deogaon	4.8	6.1	8.9	6.6	13.0	140.5	III
305	Buldana	5.8	6.6	7.4	5.8	12.4	170.4	II
306	Hanamkonda.......	8.1	8.9	9.9	23.6	23.4	151.4	I
307	Amraoti	10.9	9.7	7.9	5.6	17.3	165.6	I
308	Khandwa	8.1	3.0	3.6	2.5	10.7	137.7	I
309	Ellichpur	9.9	15.0	7.9	5.3	12.2	156.5	III
310	Akola	8.9	7.4	9.4	4.1	11.7	136.7	I
311	Bhusawal	6.6	2.8	3.8	3.8	7.6	114.3	III
312	Shahada	3.0	1.3	0.5	1.0	7.4	120.1	III
313	Pimpalner..........	0.5	1.8	0.5	1.5	10.2	103.1	III
314	Barwani	1.5	2.0	1.0	1.3	4.6	93.7	III
Teilregionaltyp 12 B_2		6.5	5.7	5.0	5.2	11.8	138.2	

Lfd. Nr.	Station:	Juli	Aug.	Sept.	Okt.	Nov.	Dez.	Quell.
301	Basim	243.8	190.5	144.0	45.2	19.1	9.4	III
302	Indore	250.7	203.5	165.9	29.2	10.4	5.3	I
303	Burhanpur	226.1	193.5	169.7	36.1	6.4	7.4	III
304	Deogaon	207.3	172.7	163.1	42.7	10.7	8.1	III
305	Buldana	228.1	178.6	178.8	54.9	15.0	15.5	II
306	Hanamkonda	228.3	166.4	173.5	51.3	23.9	5.6	I
307	Amraoti	222.5	167.1	157.7	48.8	14.0	12.4	I
308	Khandwa	218.7	164.8	151.6	31.2	13.5	7.1	I
309	Ellichpur	232.4	156.0	130.8	28.2	9.7	8.6	III
310	Akola	235.5	163.3	144.5	47.5	12.2	15.2	I
311	Bhusawal	227.1	156.0	138.9	22.4	6.9	3.8	III
312	Shahada	215.4	128.8	109.5	20.3	3.6	0.8	III
313	Pimpalner	193.5	91.2	79.8	18.8	0.0	0.8	III
314	Barwani	172.0	112.8	110.5	24.1	1.5	1.0	III
Teilregionaltyp 12 B_2		221.5	160.4	144.2	35.8	10.5	7.2	

Lfd. Nr.	Station:	Jan.	Febr.	März	April	Mai	Juni	Quell.
315	Nasik	1.8	1.3	0.8	4.1	19.1	134.4	III
316	Poona	1.5	1.5	1.5	14.5	30.5	121.5	I
Teilregionaltyp 12 B_1		1.7	1.4	1.2	9.3	24.8	127.8	

Lfd. Nr.	Station:	Juli	Aug.	Sept.	Okt.	Nov.	Dez.	Quell.
315	Nasik	230.1	126.7	151.6	76.7	8.6	5.6	III
316	Poona	178.1	93.0	122.9	95.3	24.9	4.1	I
Teilregionaltyp 12 B_1		204.1	109.9	137.3	85.9	16.8	4.9	

	Jan.	Febr.	März	April	Mai	Juni	Quell.
Regionaltyp 12 B	5.7	6.0	5.4	7.3	13.4	137.9	

	Juli	Aug.	Sept.	Okt.	Nov.	Dez.	Quell.
Regionaltyp 12 B	228.8	168.0	153.4	42.4	11.8	6.9	

(Tafel XIII)

Lfd. Nr.	Station:	Jan.	Febr.	März	April	Mai	Juni	Quell.
396	Aska	7.4	18.3	31.0	42.1	80.8	166.6	III
397	Jaggayyapeta	6.9	8.9	5.8	34.8	16.5	91.9	III
398	Guntur	7.1	4.3	41.7	15.2	37.8	118.1	II
399	Rajahmundry	5.6	5.3	11.9	21.1	63.0	132.6	III
400	Saluru	5.6	8.1	22.1	44.2	69.9	137.9	III
Teilregionaltyp 13a		6.5	9.0	22.5	31.5	53.6	129.4	

Lfd. Nr.	Station:	Juli	Aug.	Sept.	Okt.	Nov.	Dez.	Quell.
396	Aska	213.4	229.9	197.4	163.6	53.1	17.5	III
397	Jaggayyapeta	133.4	145.5	137.9	81.3	24.4	10.4	III
398	Guntur	144.0	141.5	149.9	125.7	57.9	0.0	II
399	Rajahmundry	170.9	185.2	191.8	169.4	49.8	4.6	III
400	Saluru	161.0	185.4	208.5	181.6	56.1	20.6	III
Teilregionaltyp 13a		164.5	177.5	177.1	144.3	48.3	10.6	

Lfd. Nr.	Station:	Jan.	Febr.	März	April	Mai	Juni	Quell.
401	Waltair	11.7	21.6	7.6	18.0	50.5	123.4	I
402	Gopalpur	5.8	17.5	13.7	20.1	50.0	147.8	I
403	Masulipatam	5.8	10.7	7.1	15.7	34.0	114.6	I
404	Cocanada	4.8	8.1	11.7	14.2	39.1	122.2	I
Teilregionaltyp 13b		5.4	12.1	10.8	16.7	41.0	128.2	

Lfd. Nr.	Station:	Juli	Aug.	Sept.	Okt.	Nov.	Dez.	Quell.
401	Waltair	114.0	136.1	165.6	179.6	95.3	18.5	I
402	Gopalpur	174.8	196.9	190.8	203.7	102.1	18.8	I
403	Masulipatam	163.6	175.5	157.5	205.7	144.0	22.1	I
404	Cocanada	148.1	139.4	146.1	199.4	137.1	22.1	I
Teilregionaltyp 13b		162.2	170.6	164.5	202.9	127.9	14.3	

Lfd. Nr.	Station:	Jan.	Febr.	März	April	Mai	Juni	Quell.
405	Tuni	5.8	8.9	11.2	20.6	54.4	107.2	III

Lfd. Nr.	Station:	Juli	Aug.	Sept.	Okt.	Nov.	Dez.	Quell.
405	Tuni	125.2	126.5	197.9	168.7	54.4	25.7	III

	Jan.	Febr.	März	April	Mai	Juni	Quell.
Regionaltyp 13	6.7	11.2	16.4	24.6	49.6	126.2	

	Juli	Aug.	Sept.	Okt.	Nov.	Dez.	Quell.
Regionaltyp 13	154.8	166.2	174.3	167.9	77.5	14.0	

(Tafel XIII a)

Lfd. Nr.	Station:	Jan.	Febr.	März	April	Mai	Juni	Quell.
338	Mahbubnagar.......	2.3	6.9	7.9	21.3	19.8	109.5	III
339	Sangareddipet	6.1	5.1	12.4	23.1	16.8	122.2	III
340	Nander	2.5	4.8	11.2	11.7	14.5	150.9	III
Teilregionaltyp 13 A		3.6	5.6	10.5	18.7	17.0	127.5	

Lfd. Nr.	Station:	Juli	Aug.	Sept.	Okt.	Nov.	Dez.	Quell.
338	Mahbubnagar.......	167.9	198.1	183.9	68.1	15.5	4.3	III
339	Sangareddipet......	188.0	221.7	227.8	67.3	24.9	5.3	III
340	Nander............	230.6	229.4	227.8	60.2	16.3	13.0	III
Teilregionaltyp 13 A		195.5	216.4	213.2	65.2	15.6	7.5	

(Tafel XIV)

Lfd. Nr.	Station:	Jan.	Febr.	März	April	Mai	Juni	Quell.
317	Bidar	5.6	8.4	11.7	29.2	23.1	126.2	I
326	Bhir	2.8	1.5	5.1	6.4	13.2	118.4	III
327	Gulbarga	5.1	4.8	9.4	23.4	30.2	119.1	I
328	Hyderabad (Dn.)....	6.1	7.6	18.3	26.7	25.4	116.6	I
329	Raichur............	2.5	5.8	6.1	17.8	26.4	90.4	I
330	Kurnool	4.6	4.1	6.6	14.2	26.9	74.4	I
Teilregionaltyp 14a		4.2	4.7	9.1	17.7	24.4	103.8	

Lfd. Nr.	Station:	Juli	Aug.	Sept.	Okt.	Nov.	Dez.	Quell.
317	Bidar	220.7	182.6	251.2	68.6	24.6	6.9	I
326	Bhir	137.2	135.6	214.9	62.5	22.4	11.4	III
327	Gulbarga	157.0	144.5	190.0	76.5	25.4	4.1	I
328	Hyderabad (Dn.)....	164.8	160.0	178.8	82.6	27.9	4.8	I
329	Raichur............	129.0	135.1	182.6	87.4	24.1	3.8	I
330	Kurnool	121.9	128.0	156.7	88.1	29.0	6.1	I
Teilregionaltyp 14a		142.0	140.6	184.6	79.4	25.6	6.0	

Lfd. Nr.	Station:	Jan.	Febr.	März	April	Mai	Juni	Quell.
318	Parbhani	14.2	7.6	17.5	5.6	18.5	159.8	I
319	Malegaon	4.1	1.8	1.8	2.8	22.4	110.0	I
320	Aurangabad	8.4	4.3	6.1	6.1	21.6	137.9	I
321	Dhulia	5.8	2.8	1.3	1.5	7.6	132.1	III
Teilregionaltyp 14b		8.1	4.1	6.7	4.0	17.5	135.0	

Lfd. Nr.	Station:	Juli	Aug.	Sept.	Okt.	Nov.	Dez.	Quell.
318	Parbhani	173.2	136.9	222.8	43.9	27.9	9.4	I
319	Malegaon	121.9	81.5	149.6	48.5	15.5	4.8	I
320	Aurangabad	164.6	122.7	165.9	39.6	14.7	7.4	I
321	Dhulia	140.5	98.6	128.8	38.6	13.0	6.6	III
Teilregionaltyp 14b		150.1	109.9	166.8	42.7	17.8	7.1	

	Jan.	Febr.	März	April	Mai	Juni	Quell.
Regionaltyp 14	5.9	4.9	8.4	13.4	21.5	118.5	

	Juli	Aug.	Sept.	Okt.	Nov.	Dez.	Quell.
Regionaltyp 14	153.1	132.6	184.1	63.6	22.4	6.5	

(Tafel XIV)

Lfd. Nr.	Station:	Jan.	Febr.	März	April	Mai	Juni	Quell.
322	Sangamner	5.3	1.3	1.0	6.1	17.8	93.2	III
323	Dhond	2.5	1.5	3.0	9.1	23.9	89.7	III
324	Ahmadnagar	6.6	4.3	4.1	7.9	23.1	122.4	I
325	Shevgaon	2.8	2.8	3.8	7.1	18.8	141.2	III
Teilregionaltyp 15a		4.3	2.5	3.0	7.6	20.9	111.6	

Lfd. Nr.	Station:	Juli	Aug.	Sept.	Okt.	Nov.	Dez.	Quell.
322	Sangamner	88.1	59.2	134.4	67.1	11.9	6.4	III
323	Dhond	69.1	49.3	141.7	55.1	15.5	7.4	III
324	Ahmadnagar	96.0	63.2	161.5	51.6	16.0	10.4	I
325	Shevgaon	126.5	102.4	167.1	66.5	21.8	12.4	III
Teilregionaltyp 15a		94.9	68.5	151.2	76.9	16.3	9.2	

Lfd. Nr.	Station:	Jan.	Febr.	März	April	Mai	Juni	Quell.
331	Usmanabad	2.0	1.0	7.6	15.7	24.1	153.7	III
332	Barsi	2.5	2.0	6.1	10.7	22.6	131.3	III
333	Sholapur	3.8	1.5	4.8	11.2	26.2	118.9	I
334	Pandharpur	2.5	2.3	2.8	16.3	21.6	100.1	III
Teilregionaltyp 15b		2.7	1.7	5.3	13.5	23.6	126.0	

Lfd. Nr.	Station:	Juli	Aug.	Sept.	Okt.	Nov.	Dez.	Quell.
331	Usmanabad	151.6	175.0	252.0	70.9	15.2	8.9	III
332	Barsi	121.2	127.3	213.9	81.8	24.6	12.7	III
333	Sholapur	109.7	123.7	202.7	82.0	26.7	11.4	I
334	Pandharpur	79.5	99.1	201.9	100.1	22.1	9.4	III
Teilregionaltyp 15b		115.5	131.3	217.6	83.7	22.2	10.6	

Lfd. Nr.	Station:	Jan.	Febr.	März	April	Mai	Juni	Quell.
335	Jath	1.8	3.0	8.4	23.4	33.0	87.6	III
336	Bijapur	2.0	1.5	6.6	17.8	32.0	83.3	I
337	Bagalkot	1.0	2.5	5.3	28.4	40.1	81.5	III
Teilregionaltyp 15c		1.6	2.3	6.8	23.2	35.0	84.1	

Lfd. Nr.	Station:	Juli	Aug.	Sept.	Okt.	Nov.	Dez.	Quell.
335	Jath	67.1	67.8	183.6	81.3	16.0	6.6	III
336	Bijapur	57.4	61.5	156.0	78.0	29.0	5.8	I
337	Bagalkot	54.6	63.8	153.4	83.8	26.4	7.4	III
Teilregionaltyp 15c		59.7	64.4	164.3	81.0	23.8	6.6	

	Jan.	Febr.	März	April	Mai	Juni	Quell.
Regionaltyp 15	3.0	2.2	4.9	14.0	25.7	109.4	

	Juli	Aug.	Sept.	Okt.	Nov.	Dez.	Quell.
Regionaltyp 15	92.8	90.2	178.9	80.5	20.5	9.0	

(Tafel XV)

Lfd. Nr.	Station:	Jan.	Febr.	März	April	Mai	Juni	Quell.
343	Rayachoti..........	9.1	2.8	4.6	15.2	42.2	55.9	III
344	Kampli............	0.8	3.0	3.6	20.6	45.2	54.4	III
345	Anantapur	1.0	1.8	2.3	13.5	41.1	52.8	III
346	Bellary	2.8	4.1	5.1	19.3	49.8	47.5	I
347	Harpanahalli	0.5	1.5	4.6	22.1	70.6	72.9	III
348	Chitaldrug	6.9	2.3	6.4	23.4	77.5	72.1	I
349	Hindupur	2.0	2.5	3.6	17.0	68.3	58.4	III
350	Kolar..............	5.6	2.0	8.6	32.0	82.3	67.6	III

Lfd. Nr.	Station:	Juli	Aug.	Sept.	Okt.	Nov.	Dez.	Quell.
343	Rayachoti..........	58.7	94.7	136.4	120.7	89.7	25.9	III
344	Kampli............	40.9	77.5	131.1	95.3	43.4	2.8	III
345	Anantapur	49.8	69.9	135.4	104.1	34.0	4.3	III
346	Bellary	47.0	58.9	129.0	99.1	55.6	2.8	I
347	Harpanahalli	75.2	79.0	122.4	105.4	34.5	10.7	III
348	Chitaldrug	79.0	74.9	113.5	110.0	57.9	8.6	I
349	Hindupur	54.4	76.5	118.1	120.1	44.5	9.1	III
350	Kolar..............	71.4	102.9	123.2	124.5	80.5	19.8	III

	Jan.	Febr.	März	April	Mai	Juni	Quell.
Regionaltyp 16	3.6	2.5	4.9	20.4	59.6	60.2	

	Juli	Aug.	Sept.	Okt.	Nov.	Dez.	Quell.
Regionaltyp 16	59.6	79.3	126.1	109.9	55.0	10.5	

Lfd. Nr.	Station:	Jan.	Febr.	März	April	Mai	Juni	Quell.
341	Kurundvad	1.8	3.3	9.9	29.5	56.1	82.8	III
342	Hubli..............	2.5	0.5	7.6	42.4	74.4	102.1	III
Teilregionaltyp 16a		2.2	1.9	8.8	36.0	65.3	92.5	

Lfd. Nr.	Station:	Juli	Aug.	Sept.	Okt.	Nov.	Dez.	Quell.
341	Kurundvad	90.2	70.6	98.0	85.9	9.4	4.8	III
342	Hubli..............	112.5	84.6	97.5	135.1	30.7	9.7	III
Teilregionaltyp 16a		101.4	77.6	97.8	110.5	20.1	7.3	

(Tafel XV)

Lfd. Nr.	Station:	Jan.	Febr.	März	April	Mai	Juni	Quell.
351	Chiknayakanhali ...	1.0	4.1	7.4	30.2	97.3	62.0	III
352	Hosur	6.4	9.1	11.2	41.9	109.5	54.1	III
353	Harur	19.1	8.9	9.1	23.4	80.5	41.1	III
354	Bangalore..........	6.6	4.3	12.7	33.8	110.7	73.4	I
355	Krishnagiri	6.4	7.1	12.4	26.9	105.2	60.2	III
356	Kankanhalli........	2.0	3.3	8.4	35.6	105.4	62.0	III
Teilregionaltyp 17a		6.4	6.1	10.2	32.0	101.4	58.8	

Lfd. Nr.	Station:	Juli	Aug.	Sept.	Okt.	Nov.	Dez.	Quell.
351	Chiknayakanhali ...	56.9	69.1	114.8	132.8	47.2	7.6	III
352	Hosur	61.2	109.0	134.9	148.3	82.6	26.2	III
353	Harur	58.4	120.4	145.5	132.8	114.6	65.0	III
354	Bangalore..........	106.2	136.7	177.3	149.9	74.7	12.2	I
355	Krishnagiri	69.6	107.2	161.5	137.4	75.9	32.3	III
356	Kankanhalli........	68.1	105.4	139.7	135.4	48.8	10.7	III
Teilregionaltyp 17a		70.1	108.0	145.6	139.4	74.0	25.7	

Lfd. Nr.	Station:	Jan.	Febr.	März	April	Mai	Juni	Quell.
362	Kodaikanal	73.2	35.8	51.6	108.0	152.9	103.1	I
363	Perambalur	17.8	15.7	11.7	35.3	95.8	48.5	III
364	Trichinopoly	17.3	14.2	10.9	41.9	79.8	35.8	I
365	Madura	15.2	9.1	13.0	51.6	73.4	34.8	I
366	Karur	5.8	5.1	5.8	36.6	88.6	31.8	III
367	Bhavani	6.6	9.1	18.5	50.5	94.7	43.2	III
Teilregionaltyp 17b		22.7	14.8	18.6	54.0	97.5	49.5	

Lfd. Nr.	Station:	Juli	Aug.	Sept.	Okt.	Nov.	Dez.	Quell.
362	Kodaikanal	127.5	177.5	184.2	245.9	207.5	112.3	I
363	Perambalur	46.2	129.0	147.1	200.2	162.3	84.6	III
364	Trichinopoly	39.9	97.3	122.7	175.3	141.5	66.3	I
365	Madura	48.8	108.0	129.8	198.6	125.7	45.0	I
366	Karur	24.1	81.3	98.3	155.4	93.2	34.3	III
367	Bhavani	49.0	95.5	109.7	157.5	82.8	29.7	III
Teilregionaltyp 17b		55.9	114.8	132.0	188.8	135.5	62.0	

	Jan.	Febr.	März	April	Mai	Juni	Quell.
Regionaltyp 17	14.8	10.5	14.4	43.0	99.5	54.2	

	Juli	Aug.	Sept.	Okt.	Nov.	Dez.	Quell.
Regionaltyp 17	63.0	111.4	138.8	164.1	104.7	18.9	

(Tafel XV)

Lfd. Nr.	Station:	Jan.	Febr.	März	April	Mai	Juni	Quell.
357	Satyamangalam	13.2	11.4	14.7	42.9	89.7	35.1	III
358	Mysore	3.3	5.6	8.6	59.4	131.6	74.4	I
359	Gundlapet	5.1	2.3	14.7	70.6	118.6	44.5	III
Teilregionaltyp 18a		7.2	6.4	12.7	57.6	113.3	51.3	

Lfd. Nr.	Station:	Juli	Aug.	Sept.	Okt.	Nov.	Dez.	Quell.
357	Satyamangalam	27.4	59.4	93.5	179.3	105.4	23.1	III
358	Mysore	66.8	83.1	126.5	164.1	64.8	9.4	I
359	Gundlapet	38.1	53.1	69.1	135.9	59.2	11.2	III
Teilregionaltyp 18a		44.1	65.2	96.4	159.8	76.5	14.6	

Lfd. Nr.	Station:	Jan.	Febr.	März	April	Mai	Juni	Quell.
368	Coimbatore.........	15.0	8.1	12.2	36.6	59.9	42.2	I
369	Uttamapalayam	11.7	18.5	18.8	58.2	64.5	34.8	III
370	Udamalpet	7.1	7.1	14.0	52.1	66.8	30.0	III
371	Srivilliputtur	25.9	30.2	33.3	52.8	61.7	13.7	III
372	Palni	10.9	10.7	13.2	42.4	74.7	28.7	III
Teilregionaltyp 18b		14.1	14.9	18.3	48.4	65.5	29.9	

Lfd. Nr.	Station:	Juli	Aug.	Sept.	Okt.	Nov.	Dez.	Quell.
368	Coimbatore.........	37.1	28.7	38.4	162.8	95.3	30.0	I
369	Uttamapalayam	36.3	30.2	36.8	187.2	136.9	70.4	III
370	Udamalpet	15.0	17.5	29.2	159.0	128.5	46.2	III
371	Srivilliputtur	13.7	29.7	42.9	179.3	138.2	63.8	III
372	Palni	13.0	30.7	48.5	176.0	137.4	63.8	III
Teilregionaltyp 18b		23.0	27.4	39.2	172.9	127.3	54.8	

	Jan.	Febr.	März	April	Mai	Juni	Quell.
Regionaltyp 18	11.5	11.7	16.2	51.9	83.4	37.9	

	Juli	Aug.	Sept.	Okt.	Nov.	Dez.	Quell.
Regionaltyp 18	30.9	41.6	60.6	168.0	108.2	39.7	

Lfd. Nr.	Station:	Jan.	Febr.	März	April	Mai	Juni	Quell.
360	Ootacamund	38.4	14.7	31.5	67.3	168.7	166.4	I
361	Hassan	1.8	4.3	8.4	51.1	119.1	101.9	I
Teilregionaltyp 18c.........		20.1	9.5	20.0	59.2	143.9	134.2	

Lfd. Nr.	Station:	Juli	Aug.	Sept.	Okt.	Nov.	Dez.	Quell.
360	Ootacamund	224.3	142.0	156.7	207.5	147.1	46.7	I
361	Hassan	137.2	93.0	108.5	169.4	85.9	17.0	I
Teilregionaltyp 18c.........		180.8	117.5	132.6	188.5	116.5	31.9	

(Tafel XVI)

Lfd. Nr.	Station:	Jan.	Febr.	März	April	Mai	Juni	Quell.
406	Colombo	102.3	55.9	123.7	225.5	380.2	228.0	IV
407	Galle	92.4	75.9	157.5	223.0	316.5	220.5	IV
Teilregionaltyp		97.4	65.9	140.6	224.3	348.4	224.3	

Lfd. Nr.	Station:	Juli	Aug.	Sept.	Okt.	Nov.	Dez.	Quell.
406	Colombo	151.4	67.0	178.0	336.5	313.2	143.0	IV
407	Galle	170.2	131.2	264.2	295.4	282.9	207.5	IV
Teilregionaltyp		160.8	99.1	221.1	316.0	298.1	175.3	

Lfd. Nr.	Station:	Jan.	Febr.	März	April	Mai	Juni	Quell.
408	Ratnapura	164.3	112.8	274.3	285.5	509.8	483.6	IV
409	Nuwara Eliya	171.2	43.4	109.7	118.6	174.7	277.9	IV.

Lfd. Nr.	Station:	Juli	Aug.	Sept.	Okt.	Nov.	Dez.	Quell.
408	Ratnapura	338.8	269.0	413.5	452.9	380.7	233.7	IV
409	Nuwara Eliya	300.5	192.0	225.5	270.2	241.5	203.7	IV

	Jan.	Febr.	März	April	Mai	Juni	Quell.
Regionaltyp 19	132.6	72.0	166.3	213.2	345.3	302.5	

	Juli	Aug.	Sept.	Okt.	Nov.	Dez.	Quell.
Regionaltyp 19	240.2	164.8	270.3	338.8	304.6	197.0	

(Tafel XVII)

Lfd. Nr.	Station:	Jan.	Febr.	März	April	Mai	Juni	Quell.
384	Ongole............	10.4	4.8	4.6	11.2	33.5	47.8	III
385	Udayagiri	23.6	7.1	10.7	20.6	41.1	30.7	III
Teilregionaltyp 20a		17.0	6.0	7.7	15.9	37.3	39.3	

Lfd. Nr.	Station:	Juli	Aug.	Sept.	Okt.	Nov.	Dez.	Quell.
384	Ongole............	74.7	98.8	143.3	231.1	165.1	29.5	III
385	Udayagiri	49.5	60.5	79.0	192.8	165.6	53.6	III
Teilregionaltyp 20a		62.1	79.7	111.2	212.0	165.4	41.6	

Lfd. Nr.	Station:	Jan.	Febr.	März	April	Mai	Juni	Quell.
391	Vinukonda.........	5.8	3.8	8.4	18.5	37.1	60.5	III
392	Cumbum	3.8	1.0	10.2	11.2	45.2	55.4	III
393	Vayalpad	11.4	6.9	6.6	20.1	55.1	47.8	III
Teilregionaltyp 20b		7.0	3.9	8.4	16.6	45.8	54.6	

Lfd. Nr.	Station:	Juli	Aug.	Sept.	Okt.	Nov.	Dez.	Quell.
391	Vinukonda.........	72.6	97.5	120.4	131.6	74.7	29.2	III
392	Cumbum	82.3	73.4	96.5	137.7	80.8	27.4	III
393	Vayalpad	65.3	90.9	121.7	135.9	99.1	32.3	III
Teilregionaltyp 20b		73.4	87.3	112.9	135.1	84.9	29.6	

Lfd. Nr.	Station:	Jan.	Febr.	März	April	Mai	Juni	Quell.
394	Jammalamadugu ...	2.0	2.0	4.6	13.2	33.0	51.8	III
395	Cuddapah..........	10.9	3.6	5.3	11.4	39.9	74.4	I
Teilregionaltyp 20c.........		6.5	2.8	5.0	12.3	36.5	63.1	

Lfd. Nr.	Station:	Juli	Aug.	Sept.	Okt.	Nov.	Dez.	Quell.
394	Jammalamadugu ...	68.8	97.8	122.9	98.6	45.2	9.1	III
395	Cuddapah..........	99.6	147.6	159.3	128.0	90.4	22.9	I
Teilregionaltyp 20c.........		84.2	122.7	141.1	113.3	67.8	16.0	

	Jan.	Febr.	März	April	Mai	Juni	Quell.
Regionaltyp 20	9.7	4.2	7.2	15.2	40.7	52.6	

	Juli	Aug.	Sept.	Okt.	Nov.	Dez.	Quell.
Regionaltyp 20	73.3	95.5	120.4	150.8	103.0	29.1	

(Tafel XVII)

Lfd. Nr.	Station:	Jan.	Febr.	März	April	Mai	Juni	Quell.
386	Combaconum	23.1	16.3	8.6	23.6	69.1	55.4	III
387	Tirupati	23.4	6.1	2.5	13.0	44.7	43.7	III
Teilregionaltyp 20a		23.3	11.3	5.6	18.3	56.9	49.6	

Lfd. Nr.	Station:	Juli	Aug.	Sept.	Okt.	Nov.	Dez.	Quell.
386	Combaconum	49.3	129.0	144.5	192.0	218.7	152.4	III
387	Tirupati	54.1	115.8	120.9	136.9	183.1	85.9	III
Teilregionaltyp 21a		51.7	122.4	132.7	164.5	200.9	119.2	

Lfd. Nr.	Station:	Jan.	Febr.	März	April	Mai	Juni	Quell.
388	Vellore	37.8	7.4	6.1	24.1	58.4	59.7	I
389	Gingee.............	20.1	7.9	7.6	23.6	55.4	54.9	III
390	Pudukottai	21.1	9.7	6.9	42.9	57.9	33.8	II
Teilregionaltyp 21b		26.3	8.3	6.9	30.2	57.2	49.5	

Lfd. Nr.	Station:	Juli	Aug.	Sept.	Okt.	Nov.	Dez.	Quell.
388	Vellore	134.9	159.5	184.7	161.0	174.8	68.8	I
389	Gingee.............	82.6	152.9	176.8	176.3	167.4	99.8	III
390	Pudukottai	77.0	142.0	128.3	162.3	142.0	74.2	II
Teilregionaltyp 21b		98.2	151.5	163.3	166.5	161.4	80.9	

	Jan.	Febr.	März	April	Mai	Juni	Quell.
Regionaltyp 21	25.1	9.5	6.3	25.4	57.1	49.5	

	Juli	Aug.	Sept.	Okt.	Nov.	Dez.	Quell.
Regionaltyp 21	79.6	139.8	151.0	165.7	177.2	96.2	

(Tafel XVIII)

Lfd. Nr.	Station:	Jan.	Febr.	März	April	Mai	Juni	Quell.
373	Pambam...........	54.1	18.5	13.5	41.4	21.1	3.3	I
374	Tuticorin	26.7	17.0	26.9	44.7	22.6	4.8	III
375	Tinnevelly	38.1	20.3	24.1	63.2	39.9	14.2	I
376	Palamcottah	38.1	20.3	24.1	63.2	39.9	14.2	I
377	Vattanam..........	27.2	25.1	21.8	65.0	37.1	20.1	III
378	Manakudi	29.7	22.9	10.2	72.1	30.2	15.2	III

Lfd. Nr.	Station:	Juli	Aug.	Sept.	Okt.	Nov.	Dez.	Quell.
373	Pambam	14.5	18.5	30.5	229.6	304.8	190.2	I
374	Tuticorin	2.3	6.9	14.2	132.1	178.8	74.7	III
375	Tinnevelly	9.7	14.2	33.0	173.2	188.2	101.6	I
376	Palamcottah	9.7	14.2	33.0	173.2	188.2	101.6	I
377	Vattanam	20.8	50.3	52.6	196.6	190.0	139.6	III
378	Manakudi	14.2	35.3	64.0	82.3	155.2	87.6	III

	Jan.	Febr.	März	April	Mai	Juni	Quell.
Regionaltyp 22	35.7	20.7	20.1	58.2	31.8	12.0	

	Juli	Aug.	Sept.	Sept.	Nov.	Dez.	Quell.
Regionaltyp 22	11.9	23.2	37.9	164.6	200.9	114.7	

(Tafel XVIII)

Lfd. Nr.	Station:	Jan.	Febr.	März	April	Mai	Juni	Quell.
410	Kurunegala	125.5	42.7	154.2	238.5	168.9	189.0	IV
411	Anuradhapura	144.8	37.6	92.2	148.8	79.5	23.9	IV
412	Puttalam	90.9	25.9	84.6	124.2	94.7	42.4	IV
413	Mannar	100.3	43.9	43.7	79.5	48.0	12.7	IV
414	Hambantota	94.0	26.4	97.3	84.1	87.1	56.6	IV
415	Badulla	268.0	63.0	141.5	163.1	118.9	45.5	IV

Lfd. Nr.	Station:	Juli	Aug.	Sept.	Okt.	Nov.	Dez.	Quell.
410	Kurunegala	104.6	66.0	156.2	404.4	346.2	180.6	IV
411	Anuradhapura	34.5	31.5	99.3	248.1	293.1	193.5	IV
412	Puttalam	34.5	6.3	45.5	205.2	254.0	157.2	IV
413	Mannar	12.9	12.4	33.8	177.5	250.2	198.1	IV
414	Hambantota	61.5	26.4	77.7	122.4	197.6	142.0	IV
415	Badulla	60.7	68.8	113.8	246.9	254.5	289.6	IV

	Jan.	Febr.	März	April	Mai	Juni	Quell.
Regionaltyp 23	137.3	39.9	102.3	139.7	89.5	61.7	

	Juli	Aug.	Sept.	Okt.	Nov.	Dez.	Quell.
Regionaltyp 23	51.5	35.2	87.7	234.1	265.9	193.5	

(Tafel XIX)

Lfd. Nr.	Station:	Jan.	Febr.	März	April	Mai	Juni	Quell.
379	Negapatam	42.7	16.0	8.6	14.5	40.9	33.0	I
380	Cuddalore	39.6	22.6	4.3	15.2	18.5	39.1	I
381	Madras	35.3	8.1	4.8	13.5	27.2	48.0	I
382	Nellore	42.7	3.0	3.8	9.1	21.1	32.5	I
383	Venkatagiri	34.5	9.7	5.1	8.1	41.9	43.9	III

Lfd. Nr.	Station:	Juli	Aug.	Sept.	Okt.	Nov.	Dez.	Quell.
379	Negapatam	48.0	91.2	95.8	266.2	450.1	289.6	I
380	Cuddalore	79.0	126.2	163.9	279.4	383.0	183.6	I
381	Madras	100.1	117.9	126.7	297.7	362.0	147.6	I
382	Nellore	69.9	83.1	120.7	212.3	285.5	81.0	I
383	Venkatagiri	62.2	82.8	84.3	217.7	265.9	116.1	III

	Jan.	Febr.	März	April	Mai	Juni	Quell.
Regionaltyp 24	39.0	11.9	5.3	12.1	29.9	39.3	

	Juli	Aug.	Sept.	Okt.	Nov.	Dez.	Quell.
Regionaltyp 24	71.8	100.2	116.3	274.7	349.3	79.1	

(Tafel XIX)

Lfd. Nr.	Station:	Jan.	Febr.	März	April	Mai	Juni	Quell.
416	Batticaloa	349.7	68.1	84.8	44.4	47.7	25.6	IV
417	Jaffna	110.2	29.5	46.2	37.8	41.9	10.2	IV
418	Trincomalee	221.0	51.3	59.9	50.5	87.6	27.2	IV

Lfd. Nr.	Station:	Juli	Aug.	Sept.	Okt.	Nov.	Dez.	Quell.
416	Batticaloa	29.5	45.7	64.8	179.6	403.3	435.6	IV
417	Jaffna	14.2	26.4	78.2	243.3	417.8	240.0	IV
418	Trincomalee	47.2	89.1	96.8	232.1	362.2	320.3	IV

	Jan.	Febr.	März	April	Mai	Juni	Quell.
Regionaltyp 25	227.0	49.6	63.6	44.2	59.1	21.0	

	Juli	Aug.	Sept.	Okt.	Nov.	Dez.	Quell.
Regionaltyp 25	30.3	53.7	79.9	221.7	394.4	332.0	

(Tafel XX)

Lfd. Nr.	Station:	Jan.	Febr.	März	April	Mai	Juni	Quell.
265	Pasni	49.8	29.0	14.2	7.1	0.5	9.4	I
266	Panjgur	22.1	20.8	12.7	9.1	2.8	2.5	I
267	Kalat	30.7	26.4	27.2	13.7	5.6	5.6	I
268	Quetta	49.0	47.2	47.8	26.2	9.4	3.8	I
269	Chaman	39.9	36.1	41.9	17.3	3.0	0.5	I

Lfd. Nr.	Station:	Juli	Aug.	Sept.	Okt.	Nov.	Dez.	Quell.
265	Pasni	9.1	6.4	0.3	0.0	5.3	24.9	I
266	Panjgur	17.8	11.4	1.5	0.3	1.8	16.3	I
267	Kalat	15.0	7.6	1.3	3.0	8.4	24.1	I
268	Quetta	16.0	11.7	1.8	3.3	8.1	23.4	I
269	Chaman	2.3	1.0	0.0	2.8	7.9	30.7	I

	Jan.	Febr.	März	April	Mai	Juni	Quell.
Regionaltyp 26	38.3	31.9	28.8	14.7	4.3	4.4	

	Juli	Aug.	Sept.	Okt.	Nov.	Dez.	Quell.
Regionaltyp 26	12.0	7.6	1.0	1.9	6.3	23.9	

Lfd. Nr.	Station:	Jan.	Febr.	März	April	Mai	Juni	Quell.
270	Wana	33.8	35.6	101.3	34.8	11.9	11.9	III
271	Parachinar	53.8	54.1	115.3	110.8	63.8	54.1	I
272	Peshawar	39.6	34.3	57.2	47.0	20.8	9.1	I
273	Srinagar	70.1	69.3	92.2	96.3	57.7	37.6	I

Lfd. Nr.	Station:	Juli	Aug.	Sept.	Okt.	Nov.	Dez.	Quell.
270	Wana	40.4	22.6	2.5	1.0	1.8	13.0	III
271	Parachinar	85.9	92.2	55.9	22.1	13.0	29.7	I
272	Peshawar	31.5	56.9	20.6	4.1	7.1	15.0	I
273	Srinagar	58.9	59.2	40.6	27.7	10.9	36.6	I

	Jan.	Febr.	März	April	Mai	Juni	Quell.
Regionaltyp 27	49.3	48.3	91.5	72.0	38.6	28.2	

	Juli	Aug.	Sept.	Okt.	Nov.	Dez.	Quell.
Regionaltyp 27	54.2	57.7	29.9	13.8	8.2	23.6	

Tafel 1[1]

Station Cochin

	Jan.	Febr.	März	April	Mai	Juni
Mittel (benutzt):	17.5	20.1	50.8	119.6	296.4	723.6
„ 60 Jahre:	22.9	24.7	51.7	125.8	291.7	747.2
10jähriges Mittel:						
1871—1880	10.7	40.7	39.8	148.8	332.8	822.6
1881—1890	16.0	6.8	40.7	110.3	319.5	767.9
1891—1900	16.4	28.7	66.0	187.3	255.5	712.5
1901—1910	20.2	15.7	48.9	111.1	252.4	666.6
1911—1920	21.7	23.5	44.7	77.6	320.4	754.3
1921—1930	52.6	32.5	70.1	119.6	269.3	759.9
20jähriges Mittel:.						
1871—1890	13.4	23.8	40.3	129.6	326.2	794.8
1891—1910	18.3	22.2	57.5	149.2	254.0	689.6
1911—1930	37.2	28.0	57.4	98.6	294.9	757.1
30jähriges Mittel:						
1871—1900	14.4	25.4	48.8	148.8	302.6	767.4
1901—1930	31.5	23.9	54.6	102.8	280.7	726.9

	Juli	Aug.	Sept.	Okt.	Nov.	Dez.
Mittel (benutzt):..........	580.1	327.4	228.1	335.8	166.1	44.2
„ 60 Jahre:	594.4	331.5	243.0	328.1	161.2	45.3
10jähriges Mittel:						
1871—1880	612.3	297.4	290.4	309.2	134.0	52.6
1881—1890	527.8	314.6	241.3	332.2	187.5	37.6
1891—1900	539.6	333.3	176.1	369.9	122.4	31.3
1901—1910	686.8	317.0	213.0	295.3	169.3	39.0
1911—1920	577.1	311.5	249.8	343.3	187.5	53.2
1921—1930	623.3	415.0	287.4	318.8	166.2	56.0
20jähriges Mittel:						
1871—1890	569.6	306.0	265.9	320.7	160.8	45.1
1891—1010	613.2	325.2	194.6	332.6	145.9	35.2
1911—1930	600.2	363.3	268.6	331.1	176.9	55.7
30jähriges Mittel:						
1871—1900	559.6	315.1	235.9	337.1	148.0	40.5
1901—1930	629.1	347.8	250.1	319.1	174.3	50.1

[1] "World Weather Records", herausgegeben von H. Clayton, Smithsonian Miscellaneous Collection, Vol. 79, Washington 1927 und Vol. 90, Washington 1934.

Tafel 2

Station Bombay:

	Jan.	Febr.	März	April	Mai	Juni
Mittel (benutzt):	2.5	2.0	1.8	1.3	21.3	465.1
„ 60 Jahre:	4.6	1.8	1.3	0.9	17.0	485.0
10jähriges Mittel:						
1871—1880	7.4	1.5	0.1	0.0	18.0	516.4
1881—1890	5.1	0.3	0.4	0.3	6.4	512.8
1891—1900	0.6	1.0	0.7	4.1	17.8	478.3
1901—1910	2.1	1.5	0.8	0.3	19.8	406.9
1911—1920	3.0	6.3	5.5	0.4	32.5	451.1
1921—1930	9.2	0.3	0.1	0.2	7.4	544.3
20jähriges Mittel:						
1871—1890	6.3	0.9	0 3	0.2	12.2	514.6
1891—1910	1.4	1.3	0.8	2.2	18.8	443.6
1911—1930	6.1	3.3	2.8	0.3	20.0	497.7
30jähriges Mittel:						
1871—1900	4.4	0.9	0.4	1.5	14.1	502.5
1901—1930	4.8	2.7	2.1	0.3	19.9	467.4

	Juli	Aug.	Sept.	Okt.	Nov.	Dez.
Mittel (benutzt):.	616.2	350.5	266.7	54.9	10.4	1.3
„ 60 Jahre:	604.3	329.8	283.3	52.2	11.6	1.5
10jähriges Mittel:						
1871—1880	561.6	329.7	334.3	41.1	15.0	0.2
1881—1890	725.2	346.7	240.8	78.0	14.2	3.6
1891—1900	585.0	373.1	332.0	33.8	7.6	0.0
1901—1910	603.3	342.6	230.9	34.0	3.0	2.1
1911—1920	540.5	318.5	237.5	81.8	13.0	0.0
1921—1930	610.1	268.2	324.1	44.5	16.5	2.8
20jähriges Mittel:						
1871—1890	643.4	338.2	287.6	59.6	14.6	1.9
1891—1910	594.2	357.9	281.5	33.9	5.3	1.1
1911—1930	575.3	293.4	285.8	63.2	14.8	1.4
30jähriges Mittel:						
1871—1900	623.9	349.8	302.4	51.0	12.3	1.3
1901—1930	584.6	309.8	264.1	53.4	10.8	1.6

Tafel 3

Station Ahmadabad:

	Jan.	Febr.	März	April	Mai	Juni
Mittel (benutzt):	0.5	3.0	2.0	0.8	10.9	110.0
„ 60 Jahre:	0.6	2.5	0.9	1.1	10.7	96.0
10jähriges Mittel:						
1871—1880	0.0	3.3	0.1	1.4	13.5	75.4
1881—1890	1.3	2.0	0.0	0.2	13.2	108.0
1891—1900	0.5	2.6	1.1	1.2	0.8	125.4
1901—1910	0.6	2.8	1.8	0.2	2.9	80.6
1911—1920	0.5	2.9	2.5	0.8	26.8	107.5
1921—1930	0.5	1.1	0.0	2.6	6.9	79.0
20jähriges Mittel:						
1871—1890	0.7	2.7	0.1	0.8	13.4	91.7
1891—1910	0.6	2.7	1.5	0.7	1.9	103.0
1911—1930	0.5	2.0	1.3	1.7	16.9	93.2
30jähriges Mittel:						
1871—1900	0.6	2.6	0.4	0.9	9.2	102.9
1901—1930	0.5	2.3	1.4	1.2	12.2	89.0

	Juli	Aug.	Sept.	Okt.	Nov.	Dez.
Mittel (benutzt):	285.2	205.5	94.7	15.0	3.8	0.8
„ 60 Jahre:	328.1	195.7	114.2	11.7	2.8	1.1
10jähriges Mittel:						
1871—1880	299.1	232.3	128.8	17.1	1.4	1.8
1881—1890	324.7	132.6	77.2	5.2	7.1	0.7
1891—1900	311.6	213.6	147.8	15.2	6.7	1.4
1901—1910	320.7	235.7	73.9	2.4	0.0	0.5
1911—1920	241.7	183.1	99.8	26.1	3.9	0.0
1921—1930	470.4	176.6	157.6	4.2	5.3	2.1
20jähriges Mittel:						
1871—1890	311.9	182.5	103.0	11.2	4.3	1.3
1891—1910	316.2	224.7	110.9	8.8	3.4	1.0
1911—1930	356.1	179.9	128.7	15.2	4.6	1.1
30jähriges Mittel:						
1871—1900	311.8	192.8	117.9	12.5	5.1	1.3
1901—1930	344.3	198.5	110.4	10.9	1.4	0.9

Tafel 4

Station Karachi:

	Jan.	Febr.	März	April	Mai	Juni
Mittel (benutzt):	13.2	9.9	8.4	4.3	1.8	21.8
„ 60 Jahre:	11.0	9.8	6.3	3.3	1.3	21.7
10jähriges Mittel:						
1871—1880	5.9	7.7	2.9	0.6	0.1	27.4
1881—1890	22.0	3.8	3.8	13.7	0.0	3.8
1891—1900	14.6	12.2	4.3	0.1	0.0	37.0
1901—1910	15.0	17.1	8.9	0.1	5.3	40.7
1911—1920	4.6	8.3	17.5	4.5	2.5	11.6
1921—1930	3.7	9.5	0.2	0.6	0.1	9.4
20jähriges Mittel:						
1871—1890	14.0	5.8	3.4	7.2	0.1	15.6
1891—1910	14.8	14.7	6.6	0.1	2.7	38.9
1911—1930	4.2	8.9	8.9	2.6	1.3	10.5
30jähriges Mittel:						
1871—1900	14.2	7.9	3.7	4.8	0.0	22.7
1901—1930	7.8	11.6	8.9	1.7	2.6	20.6

	Juli	Aug.	Sept.	Okt.	Nov.	Dez.
Mittel (benutzt):	74.7	42.4	10.7	0.3	1.0	3.6
„ 60 Jahre:	73.9	41.9	16.3	0.4	4.1	4.1
10jähriges Mittel:						
1871—1880	79.6	38.3	21.3	0.0	3.7	4.1
1881—1890	84.2	30.7	10.1	0.1	12.8	4.2
1891—1900	92.9	41.8	6.2	0.0	0.5	3.6
1901—1910	57.2	30.2	9.0	0.0	0.0	2.6
1911—1920	60.2	49.0	9.2	0.9	0.7	3.7
1921—1930	69.3	61.3	41.9	1.3	6.8	6.0
20jähriges Mittel:						
1871—1890	81.9	34.5	15.7	0.1	8.3	4.2
1891—1910	75.1	36.0	7.6	0.0	0.3	3.1
1911—1930	64.8	55.2	25.6	1.1	3.8	4.9
30jähriges Mittel:						
1871—1900	85.6	36.9	12.5	0.0	5.7	4.0
1901—1930	62.2	46.8	20.0	0.7	2.5	4.1

Tafel 5

Station Bangalore:

	Jan.	Febr.	März	April	Mai	Juni
Mittel (benutzt):	6.6	4.3	12.7	33.8	110.7	73.4
„ 60 Jahre:	6.3	4.8	12.7	37.1	111.6	70.4
10jähriges Mittel:						
1871—1880	2.7	4.6	22.4	31.9	144.3	73.9
1881—1890	5.1	0.0	6.6	22.1	99.6	66.8
1891—1900	0.7	1.1	10.1	39.1	100.1	83.1
1901—1910	14.7	10.3	12.2	39.4	114.8	64.0
1911—1920	6.4	3.6	15.9	31.0	112.0	75.7
1921—1930	8.4	9.1	9.0	59.2	98.6	58.9
20jähriges Mittel:						
1871—1890	3.9	2.3	14.5	27.0	122.0	70.4
1891—1910	7.7	5.7	11.2	39.3	107.5	73.6
1911—1930	7.4	6.4	12.5	45.1	105.5	67.3
30jähriges Mittel:						
1871—1900	2.8	1.9	13.0	31.0	114.7	74.6
1901—1930	9.8	7.7	12.4	43.2	108.5	66.2

	Juli	Aug.	Sept.	Okt.	Nov.	Dez.
Mittel (benutzt):	106.2	136.7	177.3	149.9	74.7	12.2
„ 60 Jahre:	102.1	130.8	178.9	147.1	65.9	13.0
10jähriges Mittel:						
1871—1880	103.9	171.5	180.3	151.1	38.9	5.2
1881—1890	98.6	140.5	131.8	178.6	121.4	20.8
1891—1900	88.6	99.1	199.4	124.5	52.3	20.8
1901—1910	111.5	155.4	197.4	158.0	49.5	6.4
1911—1920	106.4	127.1	196.3	117.9	83.1	13.0
1921—1930	103.6	90.9	168.4	152.4	50.0	11.5
20jähriges Mittel:						
1871—1890	101.3	156.0	156.1	164.9	80.2	13.0
1891—1910	100.1	127.3	198.4	141.3	50.9	13.6
1911—1930	105.0	109.0	182.4	135.2	66.6	12.3
30jähriges Mittel:						
1871—1900	97.0	137.0	170.5	151.4	70.9	15.6
1901—1930	107.2	124.5	187.7	142.8	60.9	10.3

Tafel 6

Station Madras:

	Jan.	Febr.	März	April	Mai	Juni
Mittel (benutzt):	35.3	8.1	4.8	13.5	27.2	48.0
„ 60 Jahre:	54.0	10.1	6.5	12.8	40.0	48.4
10jähriges Mittel:						
1871—1880	11.8	7.9	9.9	12.2	104.1	48.7
1881—1890	12.3	0.2	3.2	10.3	25.2	76.8
1891—1900	4.6	7.1	4.4	19.1	8.8	42.1
1901—1910	51.7	14.5	3.8	21.0	40.9	31.9
1911—1920	74.1	6.8	5.6	6.8	26.0	47.3
1921—1930	59.1	24.1	11.9	7.0	35.0	43.2
20jähriges Mittel:						
1871—1890	67.3	4.1	6.6	11.3	64.7	62.8
1891—1910	27.7	10.8	4.1	20.1	24.9	37.0
1911—1930	66.6	15.5	8.8	6.9	30.5	45.3
30jähriges Mittel:						
1871—1900	46.4	5.1	5.8	13.9	46.0	55.9
1901—1930	61.6	15.1	7.1	11.6	34.0	40.8

	Juli	Aug.	Sept.	Okt.	Nov.	Dez.
Mittel (benutzt):	100.0	117.9	126.7	297.7	362.0	147.6
„ 60 Jahre:	96.6	116.9	121.4	304.1	370.3	133.9
10jähriges Mittel:						
1871—1880	102.5	113.6	116.2	268.6	388.4	107.4
1881—1890	107.9	108.3	103.0	317.6	402.6	187.1
1891—1900	85.1	149.5	150.7	257.8	304.0	124.6
1901—1910	113.9	113.2	136.0	282.0	276.0	181.2
1911—1920	88.2	92.1	114.1	335.0	485.1	111.7
1921—1930	81.6	114.4	108.4	363.8	365.6	91.2
20jähriges Mittel:						
1871—1890	105.2	111.0	109.6	293.1	395.5	147.3
1891—1910	99.5	131.4	143.4	269.9	290.0	152.9
1911—1930	84.9	108.3	111.3	349.4	425.4	101.5
30jähriges Mittel:						
1871—1900	98.5	123.8	123.3	281.3	365.0	139.7
1901—1930	94.6	109.9	119.5	326.9	375.6	128.0

Tafel 7

Station Colombo:

	Jan.	Febr.	März	April	Mai	Juni
Mittel (benutzt):	102.3	55.9	123.7	225.5	380.2	228.0
„ 60 Jahre:	89.7	51.0	110.6	250.0	301.2	195.9
10jähriges Mittel:						
1871—1880	85.1	48.0	128.8	233.9	321.8	192.0
1881—1890	55.1	47.0	91.7	303.0	335.0	191.0
1891—1900	100.6	48.8	110.5	313.5	243.3	252.0
1901—1910	106.2	64.0	92.7	177.8	232.2	145.8
1911—1920	65.3	41.7	103.9	206.2	267.7	160.5
1921—1930	125.7	56.6	134.8	264.9	406.9	234.2
20jähriges Mittel:						
1871—1890	70.1	47.5	110.3	268.5	328.4	191.5
1891—1910	103.4	56.4	101.6	245.9	237.8	198.9
1911—1930	95.5	49.2	119.9	235.6	337.3	197.4
30jähriges Mittel:						
1871—1900	80.3	47.9	110.3	283.6	300.0	212.3
1901—1930	99.1	54.1	110.5	216.3	302.3	180.2

	Juli	Aug.	Sept.	Okt.	Nov.	Dez.
Mittel (benutzt):	151.4	67.0	178.0	336.5	313.2	143.0
„ 60 Jahre:	121.0	80.2	134.8	340.6	299.6	135.3
10jähriges Mittel:						
1871—1880	140.5	96.3	115.6	248.7	277.1	140.7
1881—1890	115.1	109.7	153.7	352.3	328.9	189.7
1891—1900	82.0	78.0	102.6	428.8	329.7	154.2
1901—1910	132.1	75.7	106.4	406.1	256.3	59.4
1911—1920	99.1	39.4	127.8	236.5	293.6	118.1
1921—1930	160.8	82.0	202.4	371.3	311.9	149.6
20jähriges Mittel:						
1871—1890	127.8	103.0	134.7	300.5	303.0	165.2
1891—1910	105.1	76.9	104.5	417.5	293.0	106.8
1911—1930	130.0	60.7	165.7	303.9	302.8	133.9
30jähriges Mittel:						
1871—1900	112.5	94.3	123.6	343.3	311.9	161.5
1901—1930	142.7	65.7	145.5	304.6	287.3	109.0

Tafel 8

Station Calcutta:

	Jan.	Febr.	März	April	Mai	Juni
Mittel (benutzt):	8.6	27.9	36.6	48.0	146.1	302.3
„ 60 Jahre:	10.8	27.3	36.3	49.5	132.5	287.5
10jähriges Mittel:						
1871—1800	13.7	41.1	38.6	57.7	133.2	248.4
1881—1890	13.5	30.2	40.1	37.6	129.8	256.1
1891—1900	3.4	17.9	23.1	38.1	144.8	319.7
1901—1910	17.3	39.1	38.4	59.3	152.9	281.2
1911—1920	2.7	23.6	52.1	59.4	146.3	341.6
1921—1930	13.9	21.6	25.7	44.5	87.9	278.0
20jähriges Mittel:						
1871—1890	13.6	35.7	39.4	47.7	131.5	252.3
1891—1910	10.4	28.5	30.8	48.7	148.9	300.5
1911—1930	8.3	22.6	38.9	52.0	117.1	309.8
30jähriges Mittel:						
1871—1900	10.2	26.4	33.9	44.5	135.9	274.7
1901—1930	11.3	28.1	38.7	54.4	129.0	300.3

	Juli	Aug.	Sept.	Okt.	Nov.	Dez.
Mittel (benutzt):	317.8	322.3	250.7	106.7	16.8	5.1
„ 60 Jahre:	334.1	333.8	244.1	112.3	14.7	5.6
10jähriges Mittel:						
1871—1880	330.8	342.9	237.4	131.4	4.4	11.0
1881—1890	328.9	351.5	246.6	115.9	20.9	9.8
1891—1900	289.8	286.5	288.6	93.8	13.6	0.3
1901—1910	373.1	286.4	253.8	95.6	9.3	4.7
1911—1920	285.9	366.0	210.9	129.5	25.8	4.6
1921—1930	395.9	369.0	227.3	107.4	14.2	3.0
20jähriges Mittel:						
1871—1890	329.9	347.2	242.0	123.7	12.7	10.4
1891—1910	331.5	286.5	271.2	94.7	11.5	2.5
1911—1930	340.9	367.5	219.1	118.5	20.0	3.8
30jähriges Mittel:						
1871—1900	316.5	327.0	257.5	113.7	13.0	7.0
1901—1930	351.6	340.5	230.7	110.8	16.4	4.1

Tafel 9

Station Waltair:

	Jan.	Febr.	März	April	Mai	Juni
Mittel (benutzt):	11.7	21.6	7.6	18.0	50.5	123.4
„ 60 Jahre:	10.1	14.1	10.6	19.6	59.5	102.0
10jähriges Mittel:						
1871—1880	11.9	8.6	12.8	20.3	121.2	67.8
1881—1890	5.6	1.5	9.6	6.3	44.5	104.4
1891—1900	1.9	7.0	6.9	29.0	43.7	96.7
1901—1910	24.4	30.8	9.4	21.8	55.1	121.6
1911—1920	3.0	15.6	5.7	12.8	38.8	133.4
1921—1930	13.6	21.0	18.8	27.2	53.2	88.3
20jähriges Mittel:						
1871—1890	8.8	5.1	11.2	13.3	82.9	86.1
1891—1910	13.2	18.9	8.2	25.4	49.4	109.2
1911—1930	8.4	18.3	12.3	20.0	46.0	110.9
30jähriges Mittel:						
1871—1900	6.5	5.7	9.8	18.5	69.8	89.6
1901—1930	13.7	22.5	11.3	20.6	49.1	114.4

	Juli	Aug.	Sept.	Okt.	Nov.	Dez.
Mittel (benutzt):	114.0	136.1	165.6	179.6	95.3	18.5
„ 60 Jahre:	115.6	141.7	187.5	229.4	117.6	28.4
10jähriges Mittel:						
1871—1880	137.5	130.6	158.8	292.1	108.2	92.3
1881—1890	119.4	169.5	218.0	258.3	172.9	30.8
1891—1900	96.9	112.1	205.0	260.3	93.5	1.0
1901—1910	111.7	170.4	185.4	139.2	62.3	37.2
1911—1920	130.9	128.2	143.2	202.1	115.2	6.8
1921—1930	97.3	139.5	214.5	224.5	153.3	2.1
20jähriges Mittel:						
1871—1890	128.5	150.1	188.4	275.2	140.6	61.6
1891—1910	104.3	141.3	195.2	199.8	77.9	19.1
1911—1930	114.1	133.9	178.9	213.3	134.3	4.5
30jähriges Mittel:						
1871—1900	117.9	137.4	193.9	270.2	124.9	41.3
1901—1930	113.3	146.0	181.0	188.6	110.3	15.4

Literaturverzeichnis

H. F. Blanford, The Rainfall of India; Memoirs of the Indian Meteorological Department, Vol. II, Teil 1 und 2, Calcutta 1886—1888.

H. F. Blanford, A Practical Guide to the Climates and Weather of India, Ceylon and Burmah and the Storms of Indian Seas; London 1889.

H. Clayton, World Weather Records; Smithsonian Miscellaneous Collection, Vol. 79, Washington 1927 und Vol. 90, Washington 1934.

W. R. Eckardt, Über Luftdruckverteilung und Regenfall in Asien mit besonderer Berücksichtigung der Randgebiete; Annalen der Hydrographie und Maritimen Meteorologie, 44. Jahrgang, Heft 11, Berlin 1916.

John Eliot, Climatological Atlas of India; Edinburgh 1906.

H. Flohn, Witterungs-Singularitäten im Monsunklima Indiens; Annalen der Hydrographie und Maritimen Meteorologie, 71. Jahrgang, Berlin 1943.

H. Flohn, Atmosphärische Zirkulation und Klimagürtel; Deutscher Geographentag Frankfurt/M. 1951. Tagungsbericht und wissenschaftliche Abhandlungen, Remagen 1952.

Julius Hann, Handbuch der Klimatologie; Band II, Teil 1, 3. Auflage, Stuttgart 1920.

Karl Helbig, Vorderindien; in: Handbuch der Geographischen Wissenschaft, herausgegeben von F. Klute, Potsdam o. J., Band: Vorder- und Südasien.

Indian Meteorological Department, Daily Rainfall of India; Calcutta 1916.

Indian Meteorological Department, Monthly Weather Review; Calcutta 1920 und Calcutta 1936.

K. Knoch, Die Herkunft der Winterregen in Nordindien; Petermanns Mitteilungen, 68. Jahrgang, Gotha 1922.

W. Köppen, Ursachen der Trockenheit Nordwest-Indiens; Meteorologische Zeitschrift, Band 23, Berlin 1888.

W. Köppen, Ursachen der Trockenheit Nordwest-Indiens; Meteorologische Zeitschrift, Band 49, Braunschweig 1932.

Norbert Krebs, Vorderindien und Ceylon; Stuttgart 1939.

Ludwig Mecking, Japans Häfen; Mitteilungen der Geographischen Gesellschaft in Hamburg, Band XLII, Hamburg 1931.

P. Raethjen, Das planetarische Zirkulationssystem; Annalen der Meteorologie, Hamburg 1951.

P. K. Ramakrishnan, The Rainfall in the Indian Peninsula associated with Cyclonic Storms from the Bay of Bengal during the Post Monsoon and Early Winter Season. Indian Meteorological Department, Scientific Notes VII/74, Simla 1937.

S. C. Roy and A. K. Roy, Structure and Movement of Cyclones in the Indian Seas; Beiträge zur Physik der freien Atmosphäre, Band 16, Leipzig 1930.

G. Simpson, The South-West Monsoon; Quarterly Journal of the Royal Meteorological Society, Vol. XVIII, London Juli 1921.

O. F. Timmermann, Ceylon, seine natürlichen Landschaftsbildner und Landschaftstypen; Mitteilungen der Geographischen Gesellschaft München, Band 28, Heft 2, München 1935.

H. Tüllmann, Die Niederschlagsverhältnisse der Südsee-Inseln; Archiv der Deutschen Seewarte 56. Band, Nr. 5, Hamburg 1936.

A. Wagner, Aerologische Untersuchungen in Indien; Meteorologische Zeitschrift, Band 42, Braunschweig 1925.

A. Wagner, Zur Aerologie des indischen Monsuns; Beiträge zur Geophysik, Band 30, Leipzig 1931.

G. T. Walker and J. C. Ray, Rainfall Types in India in the Cold Weather Period, December 1 to March 15; Memoirs of the Indian Meteorological Department, Vol. XXIV, Part XI, Calcutta 1925.

A. V. Williamson and K. G. T. Clark, The Variability of the Annual Rainfall in India; Quarterly Journal of the Royal Meteorological Society, Volume 57, London 1931.

C. S. Yao, Regeneration einer Bengalenzyklone über China; Meteorologische Zeitschrift, Band 56, Braunschweig 1939.

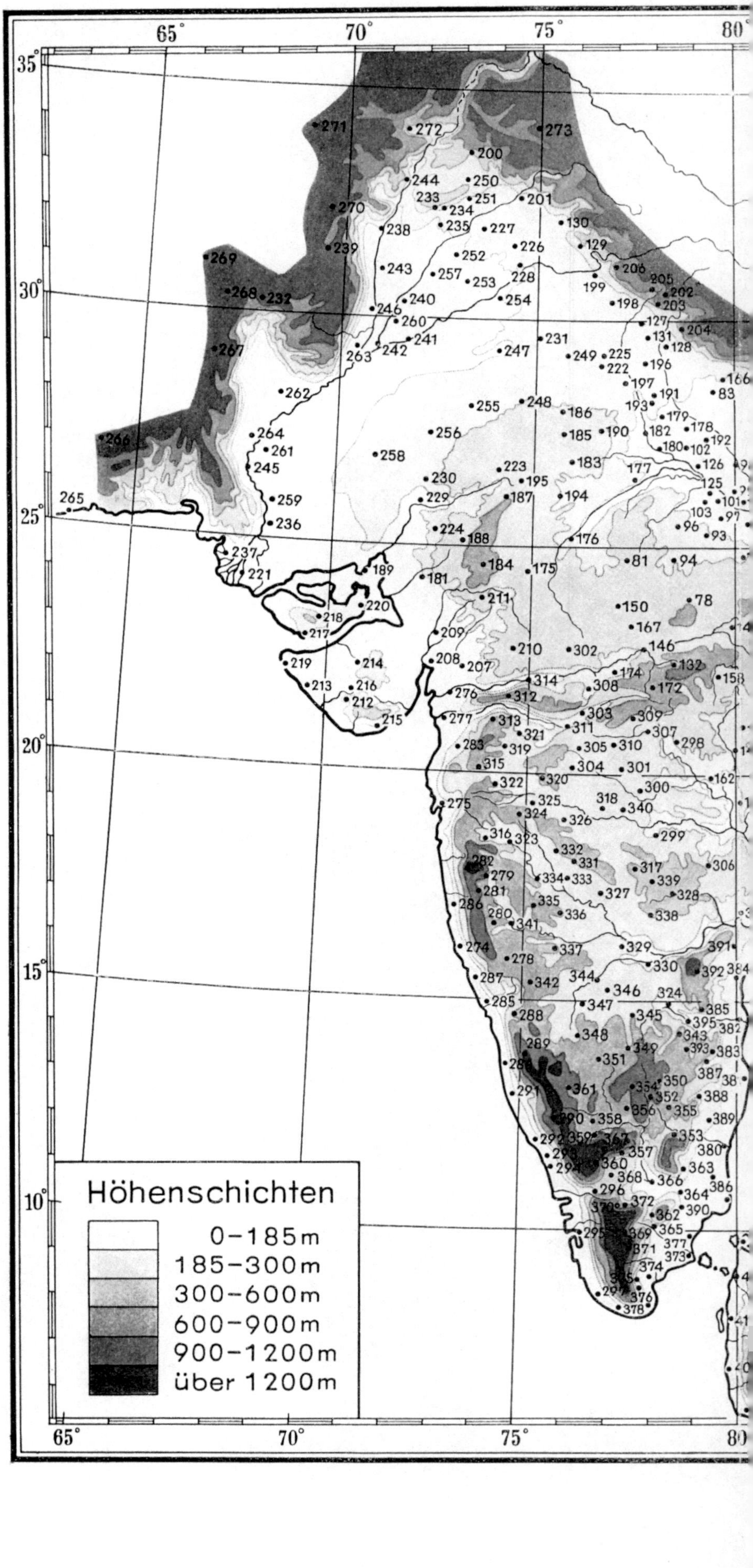
Höhenschichten
0–185m
185–300m
300–600m
600–900m
900–1200m
über 1200m
65°
70°
75°
80°
35°
30°
25°
20°
15°
10°

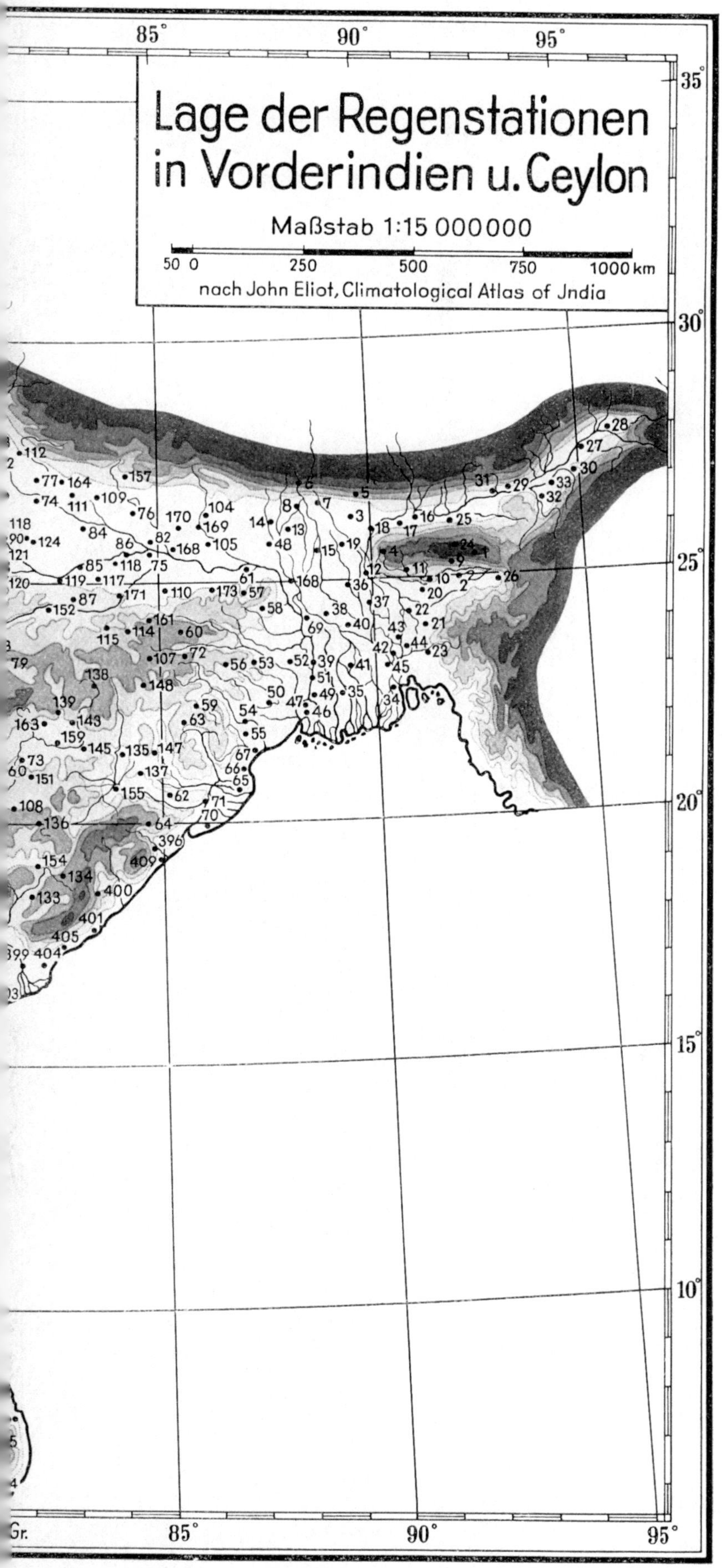
85°
90°
95°
35°
30°
25°
20°
15°
10°
Lage der Regenstationen in Vorderindien u. Ceylon
Maßstab 1:15 000000
50 0 250 500 750 1000 km
nach John Eliot, Climatological Atlas of Jndia
Gr.
85°
90°
95°

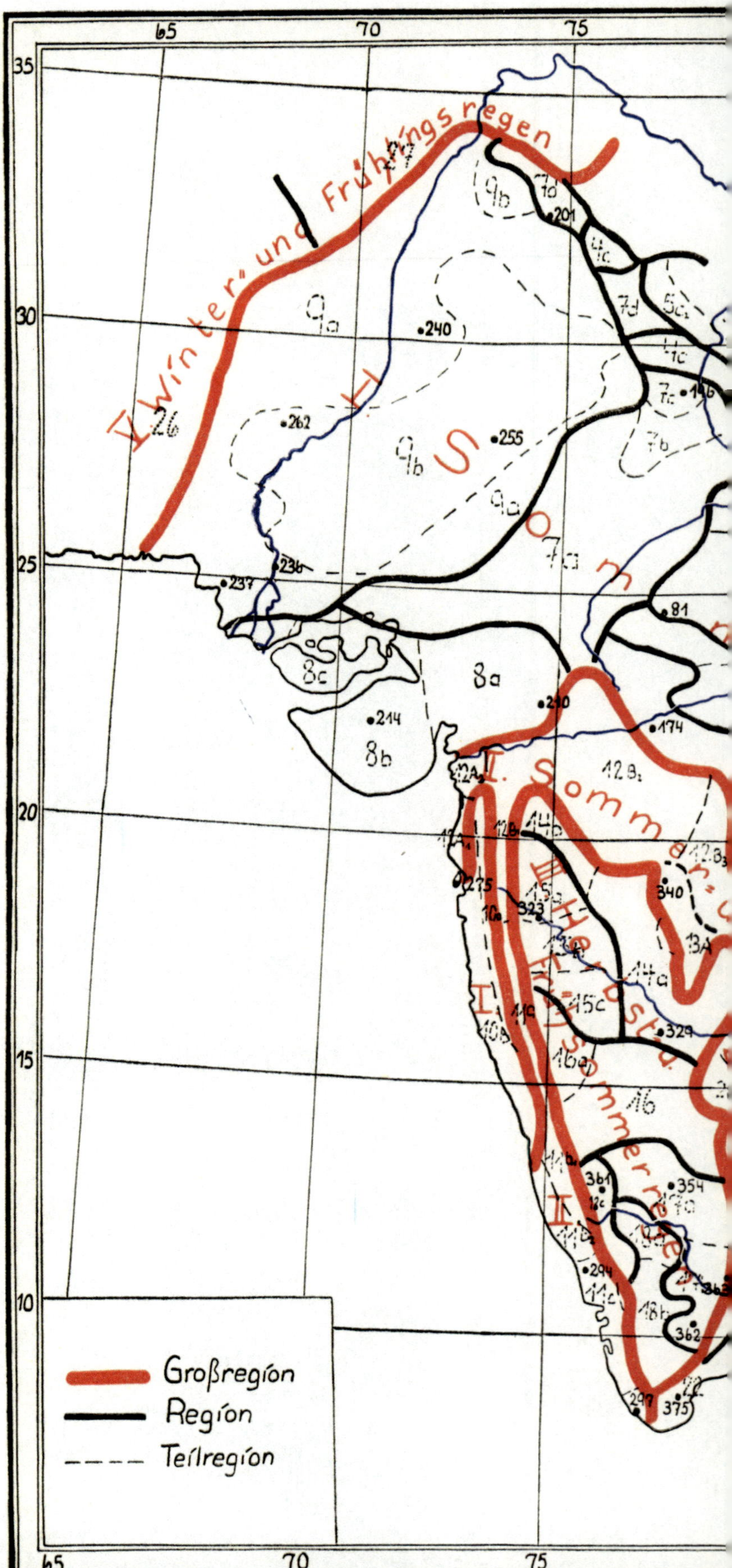
Winter- und Frühlingsregen
Sommer
Großregion
Region
Teilregion

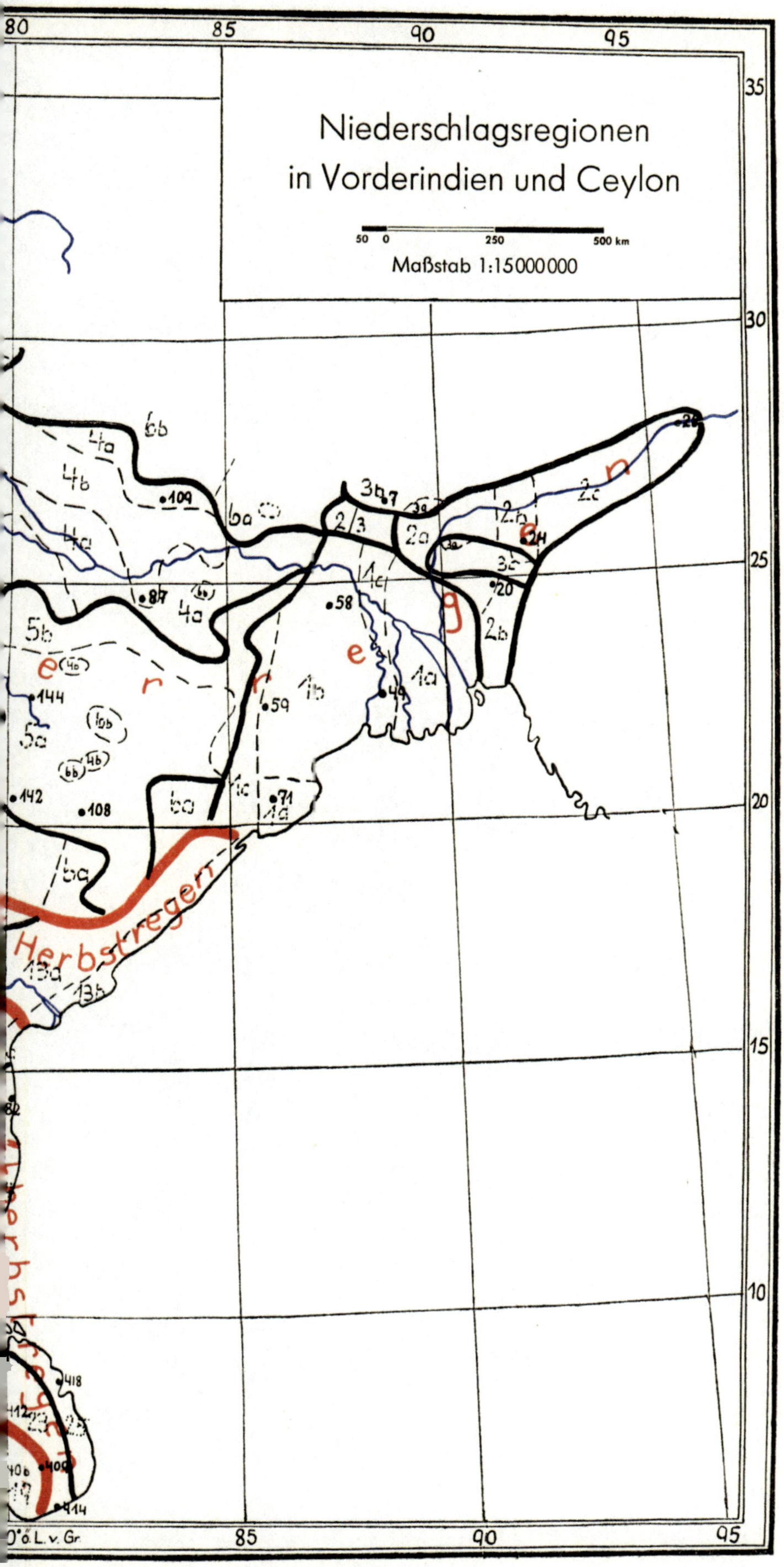

Ludwig, Regionale Typen (Abhandl. a. d. Geb. d. Auslandskunde Bd. 57).

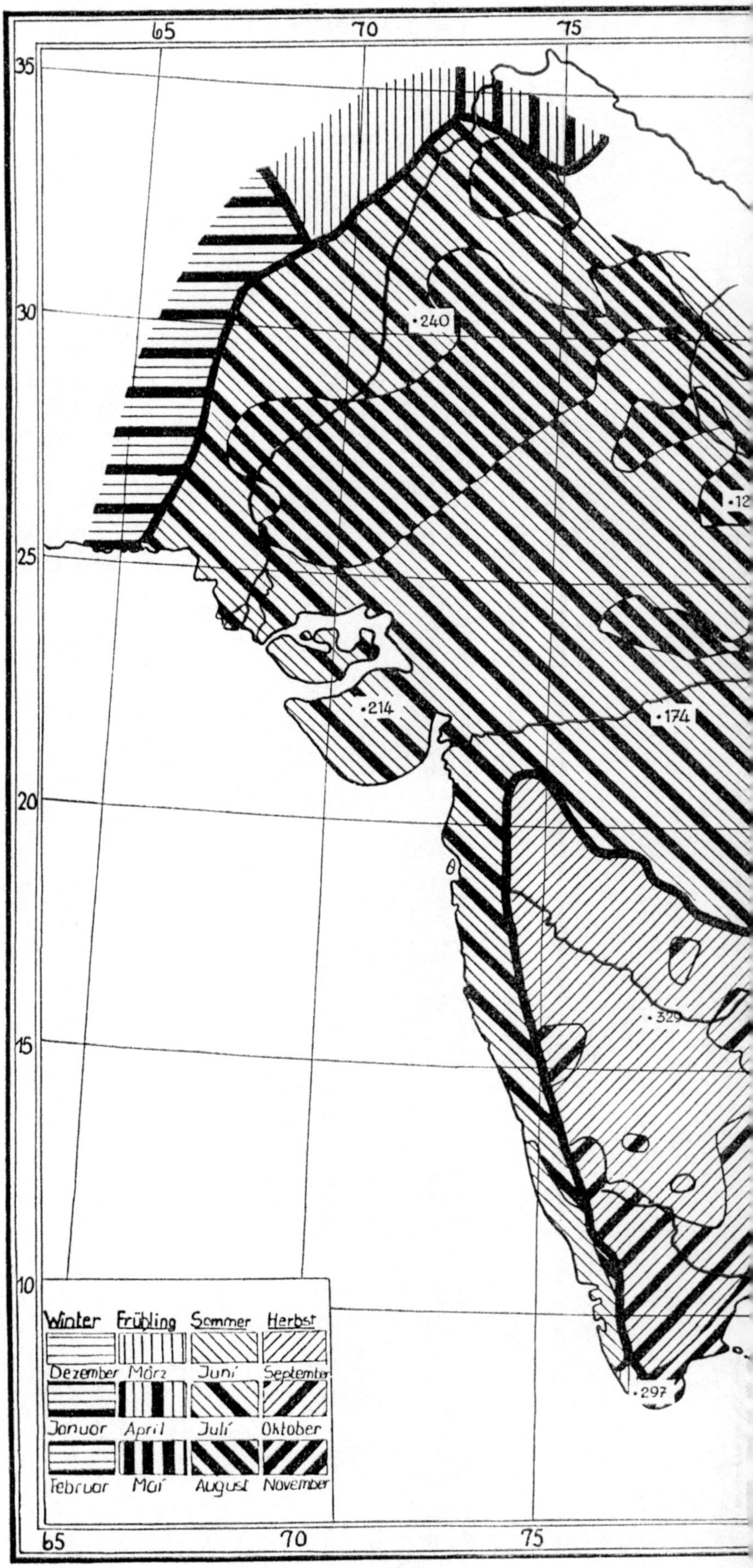

65
70
75
35
30
25
20
15
10
240
214
174
329
297
Winter
Frühling
Sommer
Herbst
Dezember
März
Juni
September
Januar
April
Juli
Oktober
Februar
Mai
August
November

Monate maximalen Niederschlags
in Vorderindien und Ceylon
50 0 250 500 km
Maßstab 1:15000000
85
90
95
35
30
25
20
15
10
•24
•59
L.v.Gr.

Kolibri 360 GmbH
Ferdinand-Jühlke-Straße 7
99095 Erfurt, Deutschland
produktsicherheit@kolibri360.de